澄观治库文丛

司法部一般课题"大数据时代的算法歧视法律问题研究"（18SFB3011）

算法：
人工智能在"想"什么

王 静　王 轩　等◎著

·北京·

国家行政管理出版社

图书在版编目（CIP）数据

算法：人工智能在"想"什么 / 王静等著 . —北京：国家行政管理出版社，2021.9
ISBN 978-7-5150-2464-6

Ⅰ. ①算… Ⅱ. ①王… Ⅲ. ①人工智能－算法 Ⅳ. ①TP18

中国版本图书馆 CIP 数据核字（2021）第 122226 号

书　　名	算法：人工智能在"想"什么？
	SUANFA：RENGONG ZHINENG ZAI "XIANG" SHENME？
作　　者	王　静　王　轩　等著
责任编辑	王　莹
出版发行	国家行政管理出版社
	（北京市海淀区长春桥路 6 号　　100089）
综 合 办	（010）68928903
发 行 部	（010）68922366　68928870
经　　销	新华书店
印　　刷	北京盛通印刷股份有限公司
版　　次	2021 年 9 月北京第 1 版
印　　次	2021 年 9 月北京第 1 次印刷
开　　本	170 毫米×240 毫米　16 开
印　　张	11.5
字　　数	197 千字
定　　价	46.00 元

本书如有印装问题，可联系调换，联系电话：（010）68929022

澄观治库文丛编委会

顾 问

应松年 中国政法大学终身教授、中国法学会行政法学研究会名誉会长

胡建淼 中央党校（国家行政学院）一级教授

卢建平 北京师范大学法学院教授

主 编

王 静 中央党校（国家行政学院）政法部副教授、中国法学会行政法学研究会副秘书长

吴小亮 南开大学法学硕士、澄明则正律师事务所管理合伙人、律师

编委会委员

杨凯生 中国银保监会国际咨询委员会委员，中国工商银行原行长

石明磊 中国经济改革研究基金会秘书长

王锡锌 北京大学法学院教授、《中外法学》主编

沈 岿 北京大学法学院教授

王建民 清华大学软件学院副院长、教授

文继荣 中国人民大学信息学院院长、教授

莫于川 中国人民大学法学院教授

焦 利 中央党校（国家行政学院）报刊社副主任、《中央党校（国家行政学院）学报》主编

杨伟东 中国政法大学法治政府研究院教授

吴 雷 《中国法学》编审

傅士成 南开大学法学院党委书记、教授

宋华琳 南开大学法学院副院长、教授

张 红 北京师范大学法务办公室主任、教授，中国法学会行政法学研究会副秘书长

汪庆华 北京师范大学法学院教授

王青斌 中国政法大学法治政府研究院教授

成协中 中国政法大学法学院教授

王 轩 广州大学法学院讲师

序言

想你所想，想你未想

人工智能、互联网、平台、算法，不仅是时代的难点、热点、焦点，也是法学研究和社会治理的难点、热点和焦点问题，因为传统教科书中没有答案，需要创新、创造，实现从 0 到 1 的突破。

"十四五"规划纲要将"加快数字发展，建设数字中国"作为独立篇章，围绕打造数字经济新优势、加快数字社会建设步伐、提高数字政府建设水平以及营造良好数字生态，勾画出了未来五年数字中国建设的新图景。党的十九届五中全会强调，要加快数字化、信息化发展，建设网络强国、数字中国；要把科技自立自强作为国家发展的战略支撑，加快建设科技强国。在此背景下，人工智能必将以前所未有的深度和广度，参与数字中国建设中来发挥更大的作用，也将进一步发展成为全球范围内科技与经济竞争的重要领域。

新冠肺炎疫情爆发，将国际网络与数据治理领域的竞争推向白热化，而我们的学科体系、学术体系和话语体系建设还只是刚刚开始，跨领域、跨学科融合只是迈出了一小步，能力明显不足；对很多现实问题，我们缺乏答案，未知远远大于已知。我们迫切地需要各学科的学者，尤其是青年学者，能够直面这些难题和挑战，不囿于固有学科和思维方式的限制，在这些领域不懈追求，有大格局、大思路，勇于探索真理。You have to think big, but be careful.

人工智能在想什么？它在想你所想。当你把目的地输入导航系统，它可以规划出最优路线从而缩短高峰时段上下班时间；当打开智能音箱时，它会播放你此前从未听过但的确很喜欢的歌曲；当你浏览新闻资讯平台时，总会惊叹于页面显示的信息正合你意。警务部门运用大数据和算法测算犯罪高发地区从而有效调配执法资源。司法部门运用机器学习算法，从法律检索分析到类案推荐，再到量刑辅助与偏离预警，在案件审判、判决执行、司法管理中都隐藏着算法的身影。健康码、14 天行程，在新冠肺炎疫情常态化防控和复工复产过程中发挥了关键作用。一个前所未有的高度自动化的世界正在形成，智能化机器学习算法的控制力不断延伸至经济、社会、政治等诸多领域，算法无处不在正在成为现实。

我们为什么要知道人工智能在想什么？因为我们要想算法所未想。伦理、人类的未来、以自动化行政和算法为特征的社会治理到底将把我们带向何处？与生活的便利相伴而来的歧视、算法黑箱、对既有法律体系和人类伦理的挑战，都涉及我们应当如何在全面推进依法治国的背景下，理解社会治理智能化的问题以及社会治理规则算法化的问题。我们不能单纯从技术角度去理解社会治理智能化和社会治理规则算法化，从原则上强调"法治思维与法治方式"，却在具体问题面前忽略法治。我们不能止步于纯粹的"社会治理法治化"的研究，也不能只关注纯粹的算法的法律规制问题。当我们将算法运用于影响每一个公民日常行为的社会治理时，就必须要考虑算法与公权力之间的关系问题。例如，算法是否会在社会治理过程中产生对某些人群的歧视？算法是否会成为一种新的权力形态？算法应该作为国家秘密予以保护还是应该公开以提高社会治理透明度？算法的运用能否促进公权力的规范行使？公权力添加算法光环之后，是否更加难以监督？

《算法：人工智能在"想"什么》一书，从算法想什么入手，试图想更多算法所未想。本书多角度、多学科系统地介绍了算法的特征，从社会科学角度回应了算法问题。这不仅是一本专业性的学术著作，也探讨了算法技术在具体领域中的诸多应用实践，可以作为专业研究者和关心这一热点话题的各行业人士的参考书，其中不少洞见，值得仔细品鉴。本书的作者是我国一群朝气蓬勃又稳健踏实的中青年法学专家，他们秉持谨慎且冷静的态度，在细致勾勒算法时代特征的基础上，审视算法时代的隐忧与算法决策的风险，并提供规制算法的思路和框架，探讨应对风险与问题的可行性路径。这样的研究和解读既不保守亦不激进，是更为专业和务实的治学风格。希望他们在这个新领域持续深耕，为人工智能的发展与应用提供更多学术支持，贡献出更多既鞭辟入里、又妙趣横生的作品！

中国社会科学院法学研究所副所长、研究员、博士生导师

中国网络与信息法学会负责人

2021 年 9 月 1 日于北京沙滩

目录

第一章　算法时代

全面化人工智能可能意味着人类的终结……机器可以自行启动，并且自动对自身进行重新设计，速率也会越来越快。受到漫长的生物进化历程的限制，人类无法与之竞争，终将被取代。

——史蒂芬·霍金（Stephen William Hawking）

伴随互联网、大数据、人工智能的应用，人类正在进入一个全新的历史阶段：算法时代。只是人们尚未看清楚、想明白这些科学技术的原理，其应用已经全方位进入我们的生产、生活和社会活动。

一、人工智能勃兴

本书研究的主题是人工智能在想什么，人工智能背景下的算法规制问题，其中涉及两个核心概念："人工智能"与"算法"。无论是"人工智能"还是"算法"，其外延均非常广泛，涉及的领域更是种类多样而难以一概而论。但当这两个概念被叠加在一起时，便实现了缩限研究对象的功能。具体而言，本书的研究对象仅是作为规制对象的"人工智能背景下的算法"。就人工智能而言，是指人类智能的"人工化"，其既可通过算法予以实现，亦可借助算法之外的技术实现；就算法而言，实现人类智能"人工化"的算法仅是众多类型算法中的一种，算法之应用并非限于人工智能领域。由此，作为规制对象的"人工智能背景下的算法"便可被缩限为"以实现人工智能为目标的算法"，本书将其简称为"人工智能算法"。围绕"人工智能背景下的算法规制问题"，作为规制的对象，在全书展开论述之前，有必要厘定何为"人工智能算法"，抑或"以实现人工智能为目标的算法"。在此基础上，进一步描述当前人工智能算法在实践中的应用现状，并对因算法应用而导致的"算法统治"现象及其引发的社会风险进行系统阐述。

作为本书研究主题中的两个核心概念，"人工智能"与"算法"之间有着密切的关系，二者间的关系进一步决定了本书研究对象的范畴。因此，"人工智能"与"算法"关系的辨明是本书所要解决的首要问题。当然，二者关系的辨明又需以阐明何为"人工智能"、何为"算法"为前提。

（一）人工智能：人类智能的人工化

作为本书研究主题中的"元概念"，"人工智能"难免会让人们产生一种距离感，但对于 2016 年 3 月 15 日发生的 AlphaGo 与韩国著名围棋棋手、世界顶级围棋棋手李世石之间的"人机围棋大战"，人们可能并不陌生。作为这场"人机围棋大战"主角之一的 AlphaGo，是由 Google（谷歌）旗下 Deep-Mind 公司开发的人工智能的产物。AlphaGo 最终以 4：1 的绝对优势战胜了李世石，足以让人们感受到人工智能的奥妙与力量，并对其产生深刻的印象。[①]

事实上，人工智能并非仅在"人机围棋大战"中扮演着被观赏者的角色，而是早已实实在在地渗透到人们生活的方方面面，并为人们提供种种服务。例如，苹果 Siri、微软小冰等虚拟个人助理和智能聊天软件，就能根据人类偏好精准推荐新闻或者视频。此外，对人们生活可能产生更大影响、能够将人们从繁重驾驶劳动中解放出来、具有自动驾驶功能的汽车也是人工智能应用的体现。[②] 人们对于这些为其默默提供服务的人工智能产品或许司空见惯，而可能并未将其与"人工智能"的概念联系在一起。

值得注意的是，如一枚硬币的两面，人工智能技术的快速发展与广泛应用，在变革人们传统社会生活方式、给人们生活带来极大便利的同时，也引发了人们的恐慌与担忧。作为印证，"人工智能统治人类""人类遭受人工智能的奴役"等在小说、电影中屡见不鲜的场景，即使是空穴来风，抑或小说作家与电影导演的臆想，也值得深入研究，认真对待。因为，即便是向来以严谨著称的以霍金为代表的科学家群体也表达了类似的恐慌与担忧。例如，霍金就曾多次告诫人类，人工智能具有潜在的危险性，一旦人工智能的发展水平超越人类智慧水平，人工智能也就具有了摆脱人类控制的能力，此时，

① 参见赵赛坡，赵云峰. AlphaGo 战胜李世石 我们应更好的理解人工智能［EB/0L］. http：//sports. sina. com. cn/go/2016－03－16/doc-ifxqnski7645568. shtml（2020. 08. 18）.
② 参见申锋，何可人. 反思与超越：人工智能的影响与应对［J］. 常州大学学报（社会科学版），2019（1）：108.

人工智能与人类之间的冲突会一触即发，甚至可能会导致人类文明的灭亡。[①]

抛开以上对人工智能的直观且朴素的认识，那么，什么是人工智能？尽管人工智能在人类社会生活中的应用是近年来才有的事情，但"人工智能"之概念却有着悠久的历史。英国数学家和逻辑学家艾伦·麦席森·图灵（Alan Mathison Turing）被誉为"人工智能之父"，于 1936 年发表了一篇名为《论数字计算在决断难题中的应用》的论文，不仅奠定了计算机科学的理论和实践基础，还把相关哲学思考往前推进了一大步，以至于哲学家蒙克（Ray Monk）把图灵列为有史以来最伟大的十位哲学家之一。一般认为，受图灵于 1950 年在哲学杂志 Mind 上发表的论文《计算机与智能》（Computingmachinery and Intelligence）的影响，英国学术界在 1956 年之前和之后的很长一段时间一直存在"机器智能"（Machine Intelligence）的表述。相较于"机器智能"，"人工智能"（Artificial Intelligence）的概念最早出现在 1956 年左右，"人工智能"概念的形成与著名的达特茅斯会议（Dartmouth Conference）有关。[②]

在 1956 年夏天举办的达特茅斯会议上，麦卡锡（John McCarthy）、明斯基（Marvin Minsky）以及香农（Claude Elwood Shannon）等人工智能的先驱们就以"如何用机器模拟人的智能"为主题进行了深入研讨，并梦想着用彼时刚问世的计算机系统来构造拥有与人类智能同样机理特性的复杂机器。正是在这场会议上，"人工智能"的概念正式得到确立，由此标志着人工智能学科的诞生。[③] 作为"人工智能"概念的提出者，也是达特茅斯会议的主要参加者，麦卡锡教授立足于人类智能而将人工智能定义为："制造智能机器，特别是智能电脑程序的学科和工程，它与通过电脑研究人类智能的过程相关，但却并不局限于生物学成果的应用。"[④] 尽管在此后人工智能科学的发展过程中，人工智能的概念随学科分工的不同而相差甚远，但是关于人工智能概念的核心界定却并未超脱达特茅斯会议上所奠定的基调，即人工智能是"人工"的"智能"，是对"人类智能"的一种"人工化"。

---

① 参见何立民. 人工智能的现状与人类未来 [J]. 单片机与嵌入式系统应用，2016（11）：81.

② 尼克. 人工智能简史 [M]. 北京：人民邮电出版社，2017：2-3.

③ 谭铁牛. 十三届全国人大常委会专题讲座第七讲"人工智能的创新发展与社会影响" [EB/OL]. http://www.npc.gov.cn/npc/c541/201810/db1d46f506a54486a39e3971a983463f.shtml（2020.8.18）.

④ 浮婷. 智能的本质与"去魅"化 [N]. 中国经济时报，2017-07-28（3）.

作为计算机科学的分支之一，人工智能是对计算机系统如何履行那些依靠人类智能才能完成的任务的理论研究，[1] 意在创造一种能与人类智能相似方式做出反应的智能机器或者智能系统，由此模拟、延伸和扩展人类智能。对此，美国麻省理工学院的温斯顿教授（Patrick Winston）的解释颇为通俗，即"人工智能就是研究如何使计算机去做只有人才能做的智能工作"。[2] 既然人工智能的目标是通过机器实现人类智能，[3] 那么，"什么是人类智能？何谓人类智能"之问题，即便是在今天，要找到一个准确答案也十分困难。原因在于，人类智能范畴下的譬如"自我"、"精神"等子概念皆过于抽象，对人类智能的解释难免陷入循环论证的困境。由于目前对于人类智能的理解尚未形成共识，对人类之外的"智能"产品的认知就更加困难，由此导致了人们对人工智能概念的理解只能是见仁见智。

到今天为止，人工智能研究涵盖的领域主要包括计算机视觉、自然语言处理、专家系统和机器人等部分[4]，这些人工智能研究的子领域基本上对应着属于人类智能范畴的，由人类所拥有的视觉、听觉、大脑辨别等功能。计算机视觉对应着人类的视觉功能，即计算机能够像人类一样"看得见"，其典型应用是人脸识别技术，目标是通过计算机技术替代人类的肉眼，甚至是识别人类无法通过肉眼识别的景象。[5] 自然语言处理对应着人类的听觉功能，即让计算机能够像人类一样"听得懂"人们的语言，机器翻译、语音识别等是自然语言处理技术的体现，通过语音识别，人类的某种自然语言不仅可以被计算机识别出词汇的具体内容，而且还可以被进一步转换为计算机可读取的内容。[6] 专家系统则对应着人类的大脑辨别功能，即让计算机能够像人类一样"认得清"。专家系统作为人工智能应用最为活跃的领域之一，能够集合某特定领域的专业知识，并运用该特定领域的专业知识就与之相关的个人咨

① 李廉水，石喜爱，刘军. 中国制造业 40 年：智能化进程与展望 [J]. 中国软科学，2019 (1)：1.
② 李宗辉. 人工智能生成发明专利授权之正当性探析 [J]. 电子知识产权，2019 (1)：12.
③ 蔡自兴. 中国人工智能 40 年发展简史 [EB/OL]. https：//www.sohu.com/a/196609530_313170 (2020.8.18).
④ 李廉水，石喜爱，刘军. 中国制造业 40 年：智能化进程与展望 [J]. 中国软科学，2019 (1)：1.
⑤ 微软亚洲研究院. 计算机视觉：让冰冷的机器看懂多彩的世界 [EB/OL]. https：//www.guokr.com/article/439945/ (2020.06.15).
⑥ FATRA. 目前人工智能的主要研究方向都有哪些？ [EB/OL]. https：//www.zhihu.com/question/51419290 (2020.08.18).

询给出权威的答案，如天气预测便是一种典型的专家系统。① 最后，机器人则是以上几种人工智能领域的结合体，同时聚集了计算机视觉、自然语言处理、专家系统等能力，进而实现全方位的拟人化，以在各领域帮助和替代人类完成相关的生产生活活动。

（二）人工智能的实现路径之一：机器学习

那么，"人类智能"是如何"人工化"的呢？这一问题指向的是人工智能的实现方式，对此，具体分为两类：非机器学习部分（如研究和路径规划）与机器学习。自图灵于 1950 年发表《计算机与智能》一文之后，科学界围绕人工智能的实现方式问题，一直存在着两种不同观点的论争。部分学者自上而下地看待人工智能的实现问题，认为人工智能的实现必须借助逻辑和符号系统；部分学者则自下而上地看待人工智能的实现问题，认为可借由对人类大脑的仿造实现人工智能，倘若设计出能够模拟人类大脑神经网络的机器，那么，该机器便可拥有像人类一样的智能。② 机器学习的人工智能实现方式便属于以上论争中的后一派观点的产物。

从人工智能的发展历程来看，机器学习的人工智能实现方式在实践中占据了上风，并逐渐成为科学界的共识。机器学习不仅作为当下人工智能研究的重点方向，而且人工智能的发展很大程度上也是来源于机器学习的进步。具备学习能力是实现人工智能的重要标准之一，甚至可以说，机器学习包含了人工智能的全部要义。这也是尽管"机器学习"是"人工智能"的子域，但很多时候人们还是倾向于将这两个不同概念等同起来的原因。

在明晰人工智能和机器学习关系的基础上，本书试图通过时跨 20 年的两场不同性质的"人机大战"来详细介绍实现人工智能的机器学习与非机器学习这两种不同方式。

历史总是惊人地相似，与 AlphaGo 与李世石之间的"人机围棋大战"如出一辙，早在 1997 年举办的一场国际象棋比赛中，同样是作为计算机的"深

① CDA·数据分析师. 人工智能中的专家系统 [EB/OL]. https://blog.csdn.net/yoggieCDA/article/details/90241632（2020.08.18）.

② 尼克. 人工智能简史 [M]. 北京：人民邮电出版社，2017：109.

蓝"在与当时的世界国际象棋冠军加里·卡斯帕罗夫的对决中早已一战成名。事实上，"深蓝"与卡斯帕罗夫之间的国际象棋对决可追溯到1996年美国计算机学会的年会上，当时年会的闭幕节目是"深蓝"与卡斯帕罗夫之间的对决，在那场国际象棋的人机对决中，"深蓝"虽旗开得胜，但最终还是以2：4的比分败给了卡斯帕罗夫。尽管"深蓝"最终输给了人类，但其还是给卡斯帕罗夫留下了深刻的印象，卡斯帕罗夫甚至感叹道，作为机器的"深蓝"在对决中下的几步棋"简直像上帝下的"。[1]

1996年的这场国际象棋"人机大战"给卡斯帕罗夫带来的胜利喜悦并未持续多久。在紧接着的1997年，作为机器的"深蓝"彻底让卡斯帕罗夫领略到人工智能的"可怕"。在与"深蓝"的第二次交锋中，卡斯帕罗夫虽勉强赢得第一局，但此后便"一蹶不振"，直至最后毫无悬念地败给了"深蓝"。正是在这一天，1997年5月11日，"深蓝"成为了第一位在国际象棋比赛中战胜当时世界冠军的计算机。事后，根据卡斯帕罗夫的回忆，在他与"深蓝"的再次交锋中，"深蓝"在棋艺方面的表现已远远超出了他的想象，"深蓝"表现得非常像一个"人"在和他对弈。[2]

对比AlphaGo与李世石之间和"深蓝"与卡斯帕罗夫之间的"人机大战"，虽同为机器且最终战胜了人类，但"深蓝"和AlphaGo的取胜之道并不相同。具体而言，"深蓝"取胜的关键在于"算"，AlphaGo的制胜秘诀则在于"学"。由"算"到"学"，背后反映的便是人工智能的进化历程。具体而言，"深蓝"作为机器之所以战胜人类，借由的是非机器学习人工智能，即依靠强大的计算能力穷举所有国际象棋的可能路数来选择最佳策略，而国际象棋在规则上是可以被穷举所有可能的棋局的。[3]

"深蓝"之所以能够战胜人类，在于国际象棋可以被穷举所有可能的棋局。不同于国际象棋，就围棋的规则而言，19×19格围棋的合法棋数为10的171次方，这个数字接近无穷大，没有办法穷举所有可能的棋局。因此在

① 木央."深蓝"挑战人类[J].华夏星火，1997（6）：42.
② 陈经.计算机处理围棋复杂的能力压倒了人类[J].物理，2017（9）：616.
③ 新京报书评周刊.柯洁0：3完败，科学解释AlphaGo为什么会赢[EB/OL].https：//www.sohu.com/a/144206496_119350（2019.06.16）.

20 年之后的人机围棋大战中，AlphaGo 便抛弃了"深蓝"所运用的非机器学习方式，而是转向了依靠机器学习方法。具体而言，不同于"深蓝"将所有的国际象棋的可能棋局提前编写在程序中，[①] AlphaGo 的围棋知识并未被提前写入程序，而是在前期通过一名已知职业棋手的 3000 万步数据库进行训练，在获得相当的技术后，便与另一个 AlphaGo 程序相互博弈，探索未知但与取胜有关的棋局，用以培养机器自身的"智能"。因此，围棋对于 AlphaGo 而言，相当于是求解一个开放式的问题，通过机器学习的运用，AlphaGo 便打开了"无穷大"的大门。[②] 简单来说，AlphaGo 背后是机器学习算法的应用，而"深蓝"背后算法的核心基于暴力穷举，这种穷尽枚举的方式只是一种普通的算法，而非真正的机器学习，"深蓝"和 AlphaGo 虽都是算法作用的结果，但二者之间显然有着本质区别。[③]

算法在本质上是指导机器完成某一特定工作的一系列指令，而机器学习（或者说机器学习算法）则是模仿人脑的思维过程，通过对已有数据进行学习建模，而后根据更多的数据对模型进行修正和分析。由此，面对新的情景，机器能够基于已有数据和"学习"中的结果作出正确判断。"深蓝"和 AlphaGo 的区别即在此，前者所依赖的是普通算法，或者说非机器学习算法，后者依赖的则是机器学习算法。相比较而言，机器学习算法更为先进，其与人工智能的目标更为接近。技术上，机器学习算法又可被分为两种：浅层学习算法与深度学习算法，前者包括 BP、SVM 等算法，后者作为研究的热点，主要包括基于稀疏编码、神经网络、基于玻尔兹曼机等不同深度的学习算法。[④]

基于以上对于"人机大战"的介绍，人们能够产生的直观感受是，机器学习更接近生物学习的行为特征，由此具有探索未知世界的能力。概言之，

---

① 马尧. 人工智能发展新阶段 阿法狗大胜，人类该怎么办［J］. 世界博览，2016（7）：29.

② Master. 人工智能"无穷大"［EB/OL］. http：//www.tywbw.com/jbc/c/2017-01/10/content_78698.htm（2019.06.16）.

③ 陶春. 一道题难倒 AlphaGo：请问从弱人工智能到强人工智能，还有多远？［EB/OL］. http：//www.edu.cn/xxh/media/zcjd/hwgc/201604/t20160412_1386210.shtml（2019.06.16）.

④ Shenmanli. 机器学习的两次浪潮：浅层学习和深度学习［EB/OL］. https：//blog.csdn.net/tcict/article/details/68921917（2019.02.01）.

人工智能技术的研发，终究是希冀其获得正常人类级别的智力能力，其中最重要的便是培育人工智能的学习能力，而机器学习恰好能够实现这一目标。2017 年 10 月，"AlphaGoZero"从空白状态学起，在无任何人类输入的条件下，在三天内自学了三种不同的棋类游戏，包括国际象棋、围棋和日本将军棋。"AlphaGoZero"使用的是"强化学习"（reinforcement learning）的人工智能技术，它通过与自己对弈并根据经验更新神经网络，从而发现了国际象棋的原理。它不仅能够战胜人类棋手，还击败了当时世界上最强的国际象棋引擎之一，作为计算机国际象棋世界冠军的 Stockfish，在 100 场比赛中，"AlphaGoZero"取得 28 胜 72 平的成绩，一局未输。"AlphaGoZero""再一次刷新人们对深度强化学习的认知，深度强化学习结合了深度学习和强化学习的优势，可以在复杂高维的状态动作空间中进行端到端的感知决策"，① 深度强化学习在机器人、自然语言处理、自动驾驶、智能医疗、游戏等领域获得巨大的应用空间。"AlphaGoZero"展现出一种人类所没有的智慧，"获胜靠的是更聪明的思维，而不是更快的思维""最令人不可思议的是，'AlphaGoZero'似乎表达出一种天然的洞察力。它具备浪漫而富有攻击性的风格，以一种直观而优美的方式发挥着电脑所没有的作用。它会玩花招，冒险。"②

那什么是机器学习呢？从渊源来讲，机器学习之术语由亚瑟·塞缪尔（Arthur Samuel）在 1959 年提出，其认为，机器学习是不需要进行预编程就可自主学习的能力，即让算法自己去学习，进而完成一些不需要进行硬编码就可以完成的工作任务。③ 简单来说，机器学习是一种经验的习得，需要基于数据构建模型，而后将经验数据不断提供给正在学习的机器，然后不断地计算模拟人类大脑的智力活动，并不断利用经验修改和完善自身的性能，从而在学习的机器中产生"模型"并不断完善，该机器学习过程被称为"学习算法"（learning algorithm）。④ 换言之，机器学习的目标在于设计和分析一

① 唐振韬，邵坤，赵冬斌，等. 深度强化学习进展：从 AlphaGo 到 AlphaGo Zero [J]. 控制理论与应用. 2017, 34 (12).

② 晗冰编译，解读"AlphaGoZero"：一种人类从未见过的智慧，网易智能（公众号 smartman163），2018 - 12 - 28.

③ 腾讯网. 深度科普：机器人，机器学习和人工智能有什么区别 [EB/OL]. https://new.qq.com/omn/20180529/20180529A0S8FK. html (2020.08.18).

④ 周志华. 机器学习 [M]. 北京：清华大学出版社，2016：1-2.

些让计算机可以自动"学习"的算法，是普通算法、非机器学习算法的进化版。

（三）机器学习算法的案例分析

机器学习算法与非机器学习算法相比，无疑更为"智能"，与人工智能的本质也更为契合，代表着人工智能的未来发展方向。因此，作为本书研究对象的"人工智能算法"主要指向的是机器学习算法。那么，该如何理解机器学习算法？机器学习算法与非机器学习算法有何不同，与人类智能又有何相似？为回答以上问题，本书试图通过援引斯坦福大学的 Pararth Shah 在著名问答网站 Quora 上关于机器学习的经典解释，[①] 以便我们对机器学习算法有更为直观的认识。

Pararth Shah 是以芒果的挑选情境来对机器学习进行解释的，即通过三种不同的挑选芒果的方法，以及对这些不同方法的对比，凸显机器学习的作用。

第一，人工的方法。当我们在水果店购买芒果的时候，目标当然是最甜的芒果。那么，大脑是如何指挥我们挑选芒果的呢？首先，基于可能是别人告诉我们的若干经验，如深黄色芒果更甜，大脑会设定目标：选择深黄色的芒果。当我们依据"深黄色芒果更甜"这一标准挑选到深黄色的芒果之后，经过品尝，可能会发现小部分芒果即便是深黄色的也不那么甜，而那些个头大的芒果即便不是深黄色的也比较甜，于是大脑便会对我们之前所设定的"选择深黄色的芒果"进行调整，并基于之前的芒果品尝经验产生新的认识：个头大的深黄色芒果更甜。相应的，选择"个头大""深黄色"的芒果便成为大脑新设定的目标。随着我们品尝芒果的经验愈加丰富，最终挑选出的芒果必将符合我们的初衷，满足我们的甜度要求。可问题是，倘若我们挑选芒果的水果店，转而售卖另一品种的芒果时，我们便无法按照之前总结的标准来挑选到好的芒果。换言之，之前购买那种品种芒果所累积的经验将会归于

---

① 谷歌工程师 Pararth Shah 于 2012 年在 Quora 上用"芒果"作类比，回答了"如何向没有计算机科学基础的人们解释机器学习与数据挖掘？"的问题。参见奕欣．周志华．西瓜论的海外版：谷歌工程师用芒果解释机器学习［EB/OL］．https://www.leiphone.com/news/201702/skJNFtX9EJddZOgm.html（2019.03.02）．

无效。

第二，编程的方法。除了人工的方法，我们还可以通过编写一组计算机程序代码来帮助我们减轻挑选芒果的负担。就此而言，编写计算机程序代码的基本逻辑应该大致如此：首先，预设的变量主要包括颜色、大小、店家三种。在此基础上：如颜色＝深黄；大小＝大；店家＝经常光顾的小贩；则芒果＝甜。当我们按照这一程序规则来挑选芒果时，可以保证我们实现预期的目标。但是，每当我们要观察芒果的一个新的物理属性时，只能手动更改这套既定的规则，且需了解所有纷繁复杂的影响芒果甜度的因素，如产地、经销商等。倘若这些影响芒果甜度的因素足够复杂，我们便很难对这些复杂的因素进行手动分类，并分别将其体现到计算机程序代码中，遑论根据这些预设的变量而最终得出准确的结果。

第三，机器学习的方法。借助机器学习的方法挑选水果，我们应先从市场上随机购买一批芒果作为训练机器的数据，即分别列举出每个芒果的物理属性，并将罗列的芒果的物理属性（颜色、大小、形状、产地、经销商）与芒果的输出特征（甜度、汁度、成熟度）一一对应。在此基础上，将这些关于芒果的数据放到机器学习算法（分类/回归）里运行，并最终生成一个芒果物理属性与芒果品质之间的相关性模型。当我们再次选择芒果时，只需对每个芒果的物理属性进行观察，并将观察后的芒果的物理属性输入到机器学习的相关性模型中，机器学习算法即可根据上次计算习得的相关性模型就该芒果的品质进行判断。最后，根据判断结果的正误，机器还会自动修正既有的芒果物理属性与芒果品质之间的相关性模型，使得其更加贴合真实值。就此而言，随着训练数据的不断积累，机器对芒果甜度的预测也将会越来越准确。

从 Pararth Shah 讲述的故事中可以发现，运用机器学习来挑选芒果的过程与人类学习挑选芒果的过程具有极大的相似性，二者均是通过自我"训练"来实现目的。人类识别芒果是否好吃的映射并非天生，而是通过不断品尝芒果而积累有益经验，在既有经验的基础上，通过继续品尝芒果而对既有经验进行修正和完善而获得的。机器学习对芒果的挑选很大程度上是模仿人脑挑选芒果中的映射过程，即通过数据的"输入"模拟人类对芒果的品尝过程，而后通过数据的"输出"模拟人类品尝的结果，并在"输入"与"输出"之间建立一个计算模型，相当于人类的经验习得，并在此基础上通过数据的累计对既有计算模型进行反复修正，由此提高"输出"的准确度，即挑选出最符合预期的芒果。

对于机器学习与算法之间的关系，可用一句话进行概括：机器学习的本质是使用算法对现实情况进行模拟并总结出学习经验，并基于总结出的学习经验对现实世界中的事件作出反应和预测。机器学习所依赖的算法便是机器学习算法，很多时候"机器学习"与"机器学习算法"在同样内涵上被大家所运用。

二、作为人工智能"灵魂"的算法——机器学习算法

由以上机器学习的案例不难发现，作为驱动人工智能最重要的途径之一，机器学习离不开三大因素：数据、算法、算力。机器学习需要以大量数据为基础习得经验，并借由算法的机器学习能力，学会如何完成人们所给他设定的任务。[①] 人工智能之实现很大程度上归功于机器学习之应用，而机器学习背后又是机器学习算法应用之结果。可以说，机器学习算法作为人工智能的"灵魂"而存在。前文厘清了人工智能与算法的关系，即算法在人工智能场域中所扮演的重要角色，在此基础上有必要对算法的概念进行界定。

承前论据，算法的外延相当广泛。其中有些种类的算法与人工智能相关，亦有许多类型的算法被应用于人工智能之外的领域。若在人工智能领域划定算法，其既包括机器学习算法（包括浅层学习算法与深度学习算法），也包括非机器学习算法（例如"深蓝"算法）。人工智能得以实现在很大程度上取决于机器学习算法的应用，尤其是深度学习算法的应用。那么，何为算法？通俗而言，算法可被理解为由一些基本运算和规定的顺序构成的解决问题的一系列步骤。算法只是手段，其目的在于解决特定问题，解决不同的问题需要不同的算法，而解决问题的多寡和被解决问题自身的重要性决定了算法的重要性。当然，算法并非人工智能领域独有的概念，算法在现实生活中也常常

---

① Eefocus. 没有算法，你谈什么人工智能？[EB/OL]. https://www.eefocus.com/industrial-electronics/m/410359 (2019.03.01).

有所应用。例如，人们日常生活中所用到的烹饪食谱便是借由一定的步骤表示出各种美味料理的制作方法。^① 按照食谱中的特定步骤进行"输入"，而后便能烹饪出相应的美味料理，即"输出"。可以说，在技术上算法既可以像食谱一样简单，也能够像计算机代码一样复杂。

本书研究的对象指的是计算机算法（以下被简称为"算法"），而非宽泛意义上的例如食谱等"解决问题的一系列步骤"。尽管从计算机程序设计的角度观之，算法在本质上亦可被简化为"解决问题的一系列步骤"，只是该步骤是由一系列求解问题的指令构成。基于此，可以将算法理解为，用于将输入转换为输出的一系列求解问题的指令构成的定义良好的计算步骤。^② 无论是人工编程，抑或是前面提到的机器学习，其终极目标皆是希望通过算法利用有限的"输入"获得理想的"输出"结果。关于算法的特征，高德纳（D. E. Knuth）在他的著作《计算机程序设计艺术》里有过经典概括，即除了"输入"和"输出"之外，算法具备明确性、有限性、有效性三大特征。明确性强调算法描述的精准，只有精准的算法描述才能使得算法执行过程严谨而顺畅；有限性是指算法的运算步骤必须是有限的；有效性又称可行性，是指算法描述的操作可以通过机器的运算在有限次数内执行，并解决其目标问题。^③

以上关于算法的定义、特征以及分类的介绍，似乎还难以让人们真正了解何为计算机算法。简单而言，计算机算法与人们日常生活中的食谱在本质上一样，食谱的目的是为了帮助人们制作各种美味料理，表现为一定的烹饪步骤，算法也是计算机科学家为解决问题而设计出的一连串数学公式。算法远比食谱复杂的原因是计算机解决问题所需要处理的数据更为复杂，这也是研发人工智能的原因，由于人脑处理大量数据的能力相对较弱，因此处理数据的工作就越来越多地委托给计算机算法，数字设计便成为决策过程中的关键部分。

---

① Ribbon. 什么是算法：算法轻松入门［EB/OL］. https：//www.cnblogs.com/Ribbon/p/4519392.html（2019.03.01）.

② Thomas H. Cormen, Charles E. Leiserson, et al. 算法导论［M］. 潘金贵等译. 北京：机械工业出版社，2006.

③ Veda 原型. 算法的五个基本特征［EB/OL］. http：//www.nowamagic.net/librarys/veda/detail/2187（2019.03.01）.

以行程规划为例，如果行程规划仅限于少数目的地，此时人们无须借助计算机就能计算出最优行程方案。但如果行程规划涉及的目的地数量过多，则很难在不依赖计算机算法的情形下，而简单依靠人脑设计出一个最短时间的最佳行程方案。发展到今天，解决这些问题的计算机算法其应用早已不限于确定行程方案，其背后的数字设计理念早已被应用在物流、生产制造甚至是基因测序等方面。简而言之，随着人类社会生活中所面临的问题越来越复杂，人们对计算机算法的依赖将愈来愈深。①

三、算法福利，还是算法统治

对于人们而言，算法也并非什么新鲜的事物。在计算机问世的几十年里，算法便一直作为计算机程序的组成部分伴随在人们身边，只不过最初的算法是非机器学习算法。发展到今天，随着人工智能的突破，算法逐渐被赋予先进机器学习能力，由最初的非机器学习算法演变为机器学习算法。可以说，具备机器学习能力的算法在实质上可被视为一种数字化了的"机器人"。基于高效的自主学习能力，机器学习算法能够自主形成算法规则，可被用于那些难以手动编程的认知领域。随着这种"智能"化的机器学习算法融入经济社会的程度越来越深、范围越来越广，一个前所未有的高度自动化的世界正在形成，在这个未知的世界中，尽管一切都飘忽不定，但有一点可以肯定的是，算法尤其是机器学习算法正对人们社会生活的方方面面产生控制力，人们开始愈来愈依赖算法作出决策，而这些由算法作出决策的领域，在漫长的人类历史中曾经皆由人类所主导，是由人类基于判断而作出决策的。②

算法的本质在于决策。算法基于特定数据的"输入"，最终可以"输出"比人类决策更优的算法决策，由此构成算法存在的正当性基础。就此而言，算法之应用或者说算法决策之"输出"，前提在于有足够数据的"输入"，有因才有果。而作为算法决策"输出"的数据的产生又是大数据时代的产物。

---

① Technews. 从算法到人工智能：浅谈计算机的真正威力［EB/OL］. https：//www. sohu. com/a/167776658 _765820（2020.08.18）.

② 埃森哲. 埃森哲人工智能应用报告［EB/OL］. https：//www. sohu. com/a/326465269 _585300（2020.04.24）.

所谓大数据时代是指人们的日常社会生活信息被转化成"电子数据"的形式，并可以储存、共享、分析，乃至可视化地呈现。① 在此基础上，那些被数字化了的人们的日常社会生活，即"输入"，借由算法对这些非结构化数据进行组织并将其加工成模型，便可"输出"某种具有预示性的结果，基于该预示性结果，人们便会下定决心做或者不做某一行为，以及如何做某一行为。就此而言，算法的广泛应用以大数据时代的出现为前提。正如《纽约时报》2012年2月的一篇专栏文章所称，大数据时代已经降临，在商业、经济及其他领域中，决策将日益基于数据和分析而作出，而并非基于经验和直觉。②

举例而言，现实生活中算法早已在新闻、娱乐、金融、行政甚至是司法等诸多领域逐渐替代人类决策。其中，应用最为广泛、受众数量最多的当属推荐算法。在网购、视频、新闻、音乐等各大平台中都能找到推荐算法的影子，如人们所熟知的淘宝、B 站、今日头条、网易云音乐等平台，均会通过分析用户数据，推测出用户的偏好，并进一步根据用户的偏好对用户进行精准推荐。在此之外的其他领域，推荐算法亦有着广泛的应用，如"华尔街早已不是金融专家的天下，算法控制了 70% 的交易。罪犯的危险性，不再由法官来评判，而是托付给了算法。算法预测犯罪的发生，从而帮助警方合理部署有限的警力。算法还被用来决定谁能得到面试机会，谁能获得贷款，谁能拿到救助金，诸如此类"。③ 显然，网购何种商品，浏览何种视频、新闻以及收听何种音乐，在算法应用之前均是人们自主选择的结果。至于金融交易、罪犯危险性评估、预测犯罪、决定面试机会、发放贷款及救济金等问题，更是长期以来依赖于人们自身的决策而做出。随着算法的广泛应用，人们愈来愈依赖算法来做出本是由人们自己做出的决策时，便可能会出现所谓"算法的统治"现象，即人类的日常社会生活由算法所支配，人类只是被动地依据算法决策，而失去自主性，这便意味着"算法在统治世界"。

所谓的"算法在统治世界"，是算法在人类社会生活中广泛应用的结果，

---

① 工程师之余. 什么是大数据分析? 大数据分析的含义与目前形式［EB/OL］. http：// m. elecfans. com/article/796656. html（2020. 04. 24）.

② 徽风网事. 大数据时代来临［EB/OL］. https：//www. sohu. com/a/223579875 _ 100033533（2020. 04. 24）.

③ 曹建峰. 算法世界并不必然公平，但应朝向公平［J］. 腾云，2017（63）：41.

而算法的广泛应用又离不开大数据的加持。随着大数据时代的到来，人们的日常社会生活才可以数字化的"数据"形式，被储存、共享、分析，乃至可视化地呈现。那么，如何使得人们的日常社会生活转变为数字化的"数据"形式呢？在"人们的日常社会生活"与"数字化的'数据'"之间搭起桥梁的是计算机软件。由于计算机软件对人类世界的主导，可能催生"算法的统治"之现象。随着计算机技术的进步与发展，软件开发越来越容易，形形色色的软件正充斥着人们的生活，甚至开始主导了人们的生活。以手机为例，时至今日，手机不再仅作为通信工具而存在，而早已成为各式各样软件的载体，成为名副其实"手掌上的计算机"。据统计，互联网技术的深度发展使得手机软件发生了模式和功能的蜕变，基于云计算的新型软件据不完全统计在数量上已超过 300 亿款。① 对于此现象，美国企业家、风险投资家、软件工程师马克·安德森（Marc Andreessen）就曾发表过一个著名论断："软件正在吞噬世界"②。

软件正在统治人类世界，而软件的核心则是算法，尤其是机器学习算法。可以说，软件仍然是科技界博弈的主要场所，而机器学习算法是其中最热闹的领域。如果一个软件没有跟机器学习算法扯上关系，就几乎没有在消费电子展上露面的机会。③ 也正是在这一意义上，只有当形形色色的软件在人类日常社会生活中得到应用并逐步取得主导地位，软件背后的算法才能真正实现对人们社会生活的"统治"——在算法的支配下，人们可能如"温水煮青蛙"中的"青蛙"般逐步丧失对这个本由人类所创造的世界的控制权，而沦为算法决策的"奴隶"。

除了上文所提到的大数据时代的到来以及计算机软件对人类世界的主导等更为宏观的原因，算法统治格局的形成很大程度上还包括微观层面的原因，即近些年来在数字、网络通信领域所出现的三大发展趋势④：

① 科技快报. 软件定义现新变局，我们离算法统治世界还有多远？［EB/OL］. http：//news. ikanchai. com/2017/0801/148913. shtml（2020.04.24）.

② 李玮. 数据和软件，到底谁在主导互联网世界？［EB/OL］. https：//tech. qq. com/a/20150108/024593. htm（2020.04.24）.

③ 环球网. 机器学习主导软件行业，算法成为科技博弈的焦点［EB/OL］. https：//www. sohu. com/a/121606843_162522（2020.04.24）.

④ Bodo B.，Helberger N.，Irion K.，et al. Tackling the Algorithmic Control Crisis—the Technical，Legal，and Ethical Challenges of Research into Algorithmic Agents［J］. THE YALE JOURNAL OF LAW & TECHNOLOGY，2017，19：138–139.

首先，目前主流的技术、商业和政治激励措施更倾向于促使通信基础设施高度集中。在过去的一段时期内，一些体量巨大的媒介机构纷纷出现，如社交网络领域的 Facebook（脸书），搜索、广告和移动通信领域的 Google（谷歌），在线零售和云服务领域的亚马逊，活跃于移动硬件和软件领域的苹果公司，这些企业已经在全球市场上确立了主导地位。

其次，这些新近出现的体量巨大的媒介机构，越来越依赖算法与用户进行交互，并在此基础上乐此不疲地为用户提供个性化的服务，提升产品的用户体验。如 Google 的 PageRank 算法编译人们的搜索结果并替人们管理电子邮件；Facebook 的新闻推送算法编辑人们每天将要阅读的新闻，朋友状态更新更是有效地控制人们的阅读内容以及社会关系；网上商店向人们推荐商品并试图猜测人们的支付意愿；等等。人工智能研究的最新进展表明，算法被期望广泛应用到更多当前为人类决策所控制的领域。

最后，由于算法个性化的泛滥，人们的数字体验在很大程度上对于我们个人而言是独一无二的，其他人对此缺乏了解。此时，数字体验被隔离为一种个性化体验。

综上所述，面对算法人们的心态无疑是复杂的。算法的出现是人类技术创新的结果，因为算法能给人们的社会生活带来实实在在的便利——算法能够为人们社会生活中所遇到的复杂问题提供最优决策，使得人们摆脱进退两难的境地，这一点前文多次提及。但同时，人们可能会发现，随着算法应用的范围越来越广，人们对算法的依赖程度愈来愈深，算法可能全方位控制人类的生活，人们将会沦为算法的"统治对象"。

人类与算法的关系错综复杂，尽管算法之统治现象无法简单用好或者坏进行评说，但一个基本的判断是：算法的应用对人类社会生活带来的便利不可被抹杀，算法统治现象下所可能存在的社会风险亦不容忽视。对待算法，人类能做的只是在最大程度上彰显算法效用的同时，将所谓"算法统治"带来的社会风险降到最低，这一目标的实现离不开对算法的法律规制。算法归根到底是人在设计，人在应用，对"算法统治"的担忧归根到底是对人的担忧，对算法规制正是对人的规制。

第二章　规制算法

保持人性为何重要？人类可能会重复灵长类动物的老路：被比自己聪明的、高级的动物驱逐到地球的小角落中，而没有掌控权。如果我们不把应对措施提上议程，那些持有比人类更多知识的机器会变得更加可怕，并且威胁会越来越真实，那么重走猴子老路的情况可能就会发生。

——埃隆·马斯克（Elon Musk）

对算法进行有效规制是人工智能时代背景下科技对法律制度提出的挑战。随着种种算法应用全面入侵之前依赖人类自身判断作出决策的众多领域，已产生的或者潜在的诸多负外部性逐渐被人们所认识到，人们越来越肯定的是，唯有对算法进行法律规制才能更好地利用算法而非使得人们被算法所控制，并在最大程度上规避"算法统治"所可能带来的社会风险。[①] 是否对算法进行法律规制，以及如何对算法进行法律规制取决于算法所呈现出的特质。因为，就"算法的法律规制"而言，对其展开论述之前，有必要从规制的角度剖析算法具有的特质，以及基于这些特质而导致的算法在规制层面可能存在的一些隐忧着手，由此方可厘定算法法律规制意图解决的问题，并初步框定算法法律规制下的基本议题。

一、规制视角下算法的特征

本书的第一章主要从技术层面对算法的特征进行概述，即除了具有输入量和输出量之外，算法还具备明确性、有限性、有效性三大特征。算法在技术层面特征之明确，使得算法的概念更为全面、立体，但其在很大程度上并无益于我们对算法规制问题的理解。原因在于，算法的规制是一个法律问题，"是否规制算法"以及"如何规制算法"并非由算法在技术层面最终呈现出来

---

① 孙清白. 人工智能算法的"公共性"应用风险及其二元规制 [J]. 行政法学研究，2020（4）：58 - 66.

的样态所决定的。因此，"是否规制算法"以及"如何规制算法"等问题的有效解决，还有必要从规制视角对算法的特征进行剖析，并由此明晰算法规制所要解决的隐忧，以及解决此类隐忧可能采取的规制进路。不同于算法技术层面的特征，基于对算法应用图景的描绘及其可能产生的法律问题的总结，规制视角下的算法具有以下特征：

（一）算法的不透明本质

承前论据，算法之应用在实质上可被简化为有限输入获得理想输出结果的过程。但这个由"输入"到"输出"的过程过于隐秘，甚至对算法设计者而言都是一个不透明的"黑箱"（black box），即人们无法知悉为何彼中有限的"输入"，而最终会导出此种"输出"，甚至就那些"智能化"的机器学习算法而言，即便是算法的设计者也无法对算法的应用过程给出准确解释，因为算法最终的"输出"可能完全是算法自我学习的结果，本书将此种现象称为算法的不透明本质。就既有研究而言，促成算法不透明本质的原因无外乎集中在以下几点：①

首先，虽然算法之应用可以推进特定的价值和策略，但它们最终可被简化为人们（甚至包括大多数程序设计者）难以理解的代码。对该复杂代码的解构，需要了解是由何种认知框架以及社会、政治、经济、法律的动机塑造了算法设计者的选择。可以说，基于算法决策而最终输出的结果，很大程度上是算法设计者主观意志的反应，其主观意志则是由算法设计者所有的特定认知框架以及社会、政治、经济、法律的动机所塑造。举例而言，倘若要求算法设计者将某一法律条文转化为特定代码②，转换的过程中便不可避免地会融入算法设计者（程序开发人员）对如何理解该法律条文的特定选择，此种选择不仅取决于法条本身的含义，还可能会受到诸多法外因素的影响，如算法设计者有意识或无意识的专业假设以及开发企业所持有的各种复杂动机。由此使得在实际操作中，法律条文与表现为代码的计算表达之间必然存在一

---

① Maayan Perel，Niva Elkin-Koren. BLACK BOX TINKERING：Beyond Disclosure in Algorithmic Enforcement［J］. Florida Law Review，2016，69：189 - 190.

② 随着算法应用范围的逐渐拓宽，甚至被应用至司法领域，如当算法被运用于决定缓刑、假释与否时，便需要将相关法律规定转化成某个具体的计算机代码。

定的差异。

其次，算法的“商业秘密”保护属性，使得算法运算过程的“不透明”得到进一步彰显。目前的算法主要由各大互联网公司所开发，并被融入其所开发的互联网产品中，如前述的推荐算法便被普遍应用到各浏览器、视频、新闻浏览 App 当中。就各大互联网公司而言，算法早已成为其开发的产品的核心部分，在激烈的市场竞争面前，决定互联网产品是否有竞争力的很大因素是算法技术的先进与否。如今日头条、澎湃新闻等就因为其算法技术的先进而备受用户青睐，进而在行业中一度处于领先地位。也正是在这一意义上，各大互联网公司会将大量资源投入到算法的研发中。如今日头条为加强个性化服务，配置了 4 万台服务器进行运算，来保证其以秒级速度收集信息，对用户特征作出反应并推送信息，同时还专门设有人工智能实验室，从事自然语言理解、计算机视觉、机器学习（算法与系统）和人机交互等 AI 技术方面的研究。① 由此，算法所表现出的那一套计算机代码当然被互联网公司视为企业赖以生存的核心商业秘密加以保护，这一点在法律上也得到了承认。由于算法的商业秘密属性，使得法律对算法的保护是绝对性的——算法完全由开发者垄断而不会被轻易泄露出去，这就进一步加剧了算法的不透明性。恰如有学者评价道，算法在保护其智力成果的原创性和公众知识的普及、公众权益的保护方面存在着巨大矛盾，透明度问题已成为横亘在公民信任与算法应用之间的一道鸿沟。②

最后，算法所具备的自我学习能力更使得算法难以为人们所理解。前文谈到，算法有两种——非机器学习算法与机器学习算法，二者的最大差别为是否具有“智能”，后者基于高效的自主学习能力，能够自主形成算法规则，因而可被用于那些难以手动编程的认知领域。在机器学习能力的加持下，机器学习算法在很大程度上是不断变化的，其可根据经验调整其代码和成型性能，由此使得机器学习算法无法被预测，即在特定的“输入”下，最终的

---

① 智能相对论. 智能算法：个性化推荐到底是不是今日头条们的原罪 [EB/OL]. https：//www.sohu.com/a/195961260_114819 (2020.04.06).

② Guido Noto La Diega. Against the Dehumanisation of Decision-Making-Algorithmic Decisions at the Crossroads of Intellectual Property，Data Protection，and Freedom of Information [J]. Journal of Intellectual Property，Information Technology and E-Commerce Law，2018，10：1-34.

"输出"是不确定的。举例而言，Google 和 Facebook 会运行几十种不同版本的算法来评估它们各自的相对优点，但不能保证用户在某一时刻所交互的系统版本与 5 秒之前的版本相同，因为不同版本的算法均是在持续进化的。此种意义上，具备学习能力的算法不仅仅是实现特定目标的工具，其还具有有效塑造目标本身的意义。① 此种算法的失控现象被有的学者总结为"算法未知"，即机器自主学习意味着算法对人类来说太复杂而难于理解，由此便产生了算法的"权力化"趋势，原因在于，算法摆脱了被人类控制的"工具"的地位。② 所以，即使算法公开，也会因为其未知的学习逻辑和过程，使得算法无法轻易为人们所了解并理解。

（二）算法的数据依赖本质

算法之"统治"以海量数据为基础，无数据也就无算法。算法的广泛应用是近年来才有的事情。更准确地说，随着大数据时代的到来，人们日常社会生活可被转换为数字化的数据，算法之应用才可广泛开来。大数据（big data）之所以用"big"，而非其他如 huge，vast 或 large 等，即表明大数据之大是整体数据规模和量级的无可比拟，big 的含义是巨量，而且也包含着内涵、范围和维度之广泛的意思。人们日常社会生活可被转换为数字化的数据，即日常生活的数字化，此乃大数据时代的核心特征，即随着互联网技术的进步与发展，人们日常生活的点点滴滴被种种软件所记录下来并转换成数据，进而还可被储存、共享、分析，乃至可视化地呈现。随着这些被记录的数据的有效"输入"，经由算法的运行，便可得出特定的"输出"。

如在前文所提到的挑选芒果这个例子中，每个芒果的物理属性——颜色、大小、形状、产地、经销商等（特征）以及由此而对应着的芒果的甜度、汁水多少、成熟度等便是数据。需要将这些数据放在机器学习算法（分类/回归）里运行，由此才能计算出一个芒果的物理属性与其品质之间的相关性模型。换言之，只有基于足够的数据输入，算法尤其是具备机器学习能力的机

---

① Maayan Perel，Niva Elkin-Koren. BLACK BOX TINKERING：Beyond Disclosure in Algorithmic Enforcement [J]. Florida Law Review，2016，69：190.

② 张凌寒. 算法权力的兴起、异化及法律规制 [J]. 法商研究，2019（4）：63-75.

器学习算法才能够产生有效"输出"，进而帮助人们作出决策。

又如在前文所提到的推荐算法，依托推荐算法之应用，在新闻、社交网络等领域掀起了互联网个性化的运动浪潮。但是，借由推荐算法实现互联网的个性化目标，前提是对互联网产品用户特征的"画像"——算法有意识地收集用户在互联网产品使用过程中不可避免留下的浏览历史、购物记录等网上足迹和活动的数据，而后借由对这些数据的分析，"速描"出产品用户的特征，并以此作为精准推荐的基本依据。而用户对于精准推荐的反应又进一步被算法所捕捉到，并成为算法进一步"速描"产品用户特征的原始数据，并据此循环往复，使得算法推荐的内容愈加精准。①

以今日头条公开的推荐算法为例，今日头条的算法模式可被概括性地表述为一个 $O—xyz$ 的空间直角坐标系。x、y、z 三个坐标代表着三个不同的变量，即人物、环境、内容。将人物与环境匹配后，可以精准获取人物需要的一系列内容。今日头条中所需要的人物信息，主要指的是刻画人物"肖像"时所需要的各种特征，一些直接特征如性别、年龄、职业、学历等，这些信息可以通过用户的第三方社交账号登录获得一部分，也可以通过模型预测、阅读兴趣分布等进行估测。在获取此类直接特征后，可以通过用户在互联网中的点击量、阅读时长、点赞转发内容等量化用户的兴趣爱好并对用户进行标签化处理，通过不断地推送相关信息，进一步习得用户的特征并循环。②

今日头条中所需的环境信息，首先是根据用户常用的定位来推测出用户常住地，而后结合其他信息，即可推测出用户的工作地点、出差地点、旅游地点等信息。通过环境与人物进行匹配，即可得到一个不断运动变化的立体人物形象，通过对这一立体人物不断添加标签，今日头条可以实现内容的精准推送，该推送过程关注的重点是用户的个人标签，而个人标签的获得，源头都是用户的数据产生行为。③

显然，在人工智能时代，数据与算法之间形成了一种双向互动的关系，二者相互依赖、相互促进。算法之应用离不开海量的数据，因为只有通过海

① 曹建峰. 人工智能：机器歧视及应对之策［J］. 信息安全与通信保密，2016（12）：15 - 19.
② 曹欢欢. 今日头条算法原理［EB/OL］. https：//zhuanlan. zhihu. com/p/32989795（2019.03.01）.
③ 曹欢欢. 今日头条算法原理［EB/OL］. https：//zhuanlan. zhihu. com/p/32989795（2019.03.01）.

量的数据输入，才能最大程度上训练出人们想要的算法模型，由此进一步得到人们想要的输出。反过来，我们日常社会生活数字化所产生的数据反过来又为扮演日益重要角色的算法赋予了"权力"，①使得算法在人们的社会生活中扮演越来越重要的角色，甚至有了逐步代替人们做出决策的可能。对此，恰如有学者所评价的："大数据时代，算法为王，数据次之，相互支撑，缺一不可。算法在大数据的基础上，按照不同的参数与目标，构建着不同的互联网帝国。"②

（三）算法的"歧视性"

所谓的"算法歧视"是指在看似没有恶意的程序设计中，却不可避免地带有设计者主观的个人偏见或客观的数据歧视。就该界定而言，造成算法歧视性本质的原因主要包括两个方面：

一方面，也是比较容易理解的，算法是人类智慧成果的结晶，算法的设计凝结了算法设计者的精力与心血，算法代码的编写以及训练算法的数据的甄选过程无不例外地被注入设计者的主观选择，最终编写的算法代码亦不可避免地体现算法设计者的主观意志。即便算法设计者已尽力保证算法的客观性，但其细微的、不可察觉的偏见仍可能被嵌入到算法代码中，使得算法的运行结果带有设计者的主观偏见。③对于此种情形下所衍生出的"算法歧视"，在既有研究中被称为"潜意识歧视"，这是由算法设计者主观意识中潜在的偏见，如将错误观念与种族和性别等因素连接起来而产生的歧视。④举例而言，当人们用人工智能软件搜寻医生照片时，最终呈现出的是男性医生图片，而非女性医生照片。反之，当用人工智能软件搜寻护士照片时，最终呈现出的是女性护士的图片，而非男性护士照片。⑤导致这一输出结果的原

---

① Zeynep Tufekci. 2015. Algorithmic Harms beyond Facebook and Google: Emergent Challenges of Computational Agency [J]. Colorado Technology Law Journal，2015 (13)：208.

② 朱巍. 网络直播推荐分发算法应纳入法治轨道 [N]. 检察日报，2018 - 01 - 24 (07).

③ 李婕. 算法规制如何实现法治公正 [EB/OL]. http://www.jcrb.com/procuratorate/theories/academic/201807/t20180710_1883975.html (2019.03.01).

④ Francisco Socal，Imagination Te. 人工智能算法偏见的根源在"人类" [EB/OL]. https://www.eet-china.com/news/201803220600.html. (2019.03.01).

⑤ 王焕超. 如何让算法解释自己为什么"算法歧视"? [EB/OL]. https://new.qq.com/omn/20190613/20190613A0KCCZ.html (2018.03.01).

因是包括算法设计者在内的人们，其潜意识观念认为医生多为男性而护士则通常是女性，当此种关于性别的偏见被嵌入算法系统，便产生了所谓算法的"潜意识歧视"。

另一方面，算法导致"歧视"的较为难以理解的一点是，即便算法设计者本身不带有种族、性别、年龄歧视等潜意识，即不存在主观歧视嵌入算法系统这一问题，仍无法避免"算法歧视"的产生。原因在于，算法的数据依赖性在某种意义上使得作为数据处理工具的算法同样具有歧视性，即带有歧视性的数据"输入"，而会导致有歧视色彩的"输出"。① 前面也谈到，算法是由源源不断的数据所驱动的，而关于大数据问题的讨论当中，对歧视问题的关注一直存在。正如有学者所言："很多人直观地觉得技术一定是中立的，数据是客观的，可事实并非如此"。② 机器学习算法依赖从人们日常社会生活中所收集到的数据，无疑在很大程度上带有社会中本已充斥着的偏见或者其他歧视的痕迹，即社会中的偏见或者歧视会被原原本本地刻画到电子化的数据中。因此，若机器学习算法其训练所依赖的数据存在偏见或歧视，那么，机器学习算法利用数据的学习行为会进一步强化数据中细微的偏见或歧视并进行放大。最终的结果是，带有歧视性的"输出"将会作为"目标"算法的结果呈现出来。③

在既有研究中，学者将此种由于数据的非中立性所导致的算法歧视，类型化为"互动歧视""选择歧视"以及"数据导向的歧视"等。④

第一，"互动歧视"，其基本含义是算法在与用户的互动过程中，因作为数据的用户互动行为所带有的歧视或偏见，被转移到算法身上，而最终导致的歧视或偏见。具体而言，当机器学习算法与用户互动，并基于与用户的互动而学习时，其无法对接收的数据——用户与算法之间的互动行为——进行

① Francisco Socal. 算法偏见是如何产生的 [EB/OL]. http：//zhigu. news. cn/2018 - 03/22/c _ 129834997. htm（2019.03.01）.

② 田文生. 大数据可能带来三方面的伦理挑战 [EB/OL]. https：//news. sina. com. cn/o/2018 - 08 - 28/doc-ihiixyeu0435876. shtml（2019.03.01）.

③ Bryce Goodman，Seth Flaxman. European Union Regulations on Algorithmic Decision-making and A "Right to Explanation" [J]. ICML Workshop on Human Interpretability in Machine Learning，2016.

④ Francisco Socal，Imagination Te. 人工智能算法偏见的根源在"人类"[EB/OL]. https：//www. eet-china. com/news/201803220600. html.（2019.03.01）.

选择，即便其接收的数据包含着歧视性因素，也只能受此影响。例如，2016年微软公司推出了一款聊天机器人 Tay，但青春可人的 Tay 在和用户聊天过程中被"教坏"了——被用户灌输了许多脏话甚至是种族歧视思想，而成为一个活脱脱的"不良少女"，这使得 Tay 在上线不到一天的时间便被微软公司紧急下线了。① 概言之，作为数据的用户的互动行为本身具有歧视性，那么，最终被训练出来的算法也必将具有歧视性。②

第二，"选择歧视"，其基本含义是由于数据的选择是主观行为，在数据选择过程中的取舍不当，可能会有意或无意地放大或缩小某群体的数据信息，从而使得基于该数据的算法输出对该群体产生有利或有害的结果，由此便产生了对某一群体所谓的"歧视"。举例而言，目前的算法在员工招募中得到了应用，如果机器训练过程中，只是选择用男性的简历，或者更多的是用男性的简历去训练该算法。那么，最终必然会产生对女性求职者不利的结果，因为最终训练出来的机器学习算法在筛选简历时，可能更偏向选择男性求职者。③

第三，"数据导向的歧视"，其基本含义是因为用来训练算法的数据本身已不可避免地存在歧视性，且此种歧视性并非由算法设计者的主观偏见所导致，那么该算法亦会产生"歧视性"效果。举例而言，导航系统背后也是算法应用的结果，通过算法的应用可以最快的速度计算出行驶时间最快的路线，但导航系统设计者只关注车辆行驶的道路信息，而不关注公共交通时刻表或自行车路线，由此必然使得那些不驾驶车辆的人处于不利的状况。④再如，机器学习算法是基于过去的数据而预测未来的趋势，这也就不可避免地会将过去的歧视带到未来并不断循环加强，算法在机器学习时的源头数据的污染必然导致错误的反馈并不断加深。也就是说，算法在运行过程中，会将过去的

---

① 最极客.2018 年我们可能要继续忍受算法歧视，但这种境况并非无解［EB/OL］. https：//www.eefocus.com/industrial-electronics/400133/r0（2019.03.01）.

② 与非网.人工智能有负能量，难以根治的算法歧视［EB/OL］. https：//www.eefocus.com/in-dustrial-electronics/400133/r0（2019.03.01）.

③ 罗锦霖.算法歧视？大数据折射人类社会偏见与阴暗［EB/OL］. http：//www.woshipm.com/it/1649545.html（2019.03.01）.

④ 小强传播.算法歧视研究：比大数据"杀熟"更值得关注的领域［EB/OL］. https：//feng.ifeng.com/author/618405（2019.03.01）.

歧视做法进行代码化规范，创造自己的应用语境，形成一个"自我实现的歧视性反馈循环"，[①] 这些均使得歧视性成为算法不可避免的本质之一。

二、为何规制算法：算法时代的隐忧与风险

前面提到，只有从规制的角度透视算法的特征，才能明晰算法规制所要解决的问题或者隐忧。基于以上算法的三点特质，针对算法的法律规制，应当着重解决以下三点问题或者隐忧：

（一）算法时代的三大隐忧

1. 问责的隐忧

可以说，从政治民主的发展实践看，透明度是避免决策者恣意决策最为有效的手段，原因在于透明度的实现使得问责具有可能性，决策者可能会因其决策的恣意而受到诘难。同决策者一样，算法所做的工作本质上也是决策，故以上有关透明度重要性的论述在很大程度上可被照搬到算法决策上，尽管后者的"决策者"是计算机代码，而非人类自身。事实上，透明度对于算法规制的重要性已经得到了认识，Facebook 最近在公布其编辑指南时就明确指出，透明度对于实现对算法的有效规制至为关键。[②] 同样，在既有研究中，谈及算法的法律规制议题，对于算法透明度的呼吁，抑或对打破"算法黑箱"的强调的声音不绝于耳，已经成为无可争辩的共识。[③] 在法律上，透明度意味着公开，即可见、可受审查与可问责，套用到算法上，算法的透明意味着算法的运行过程及其最终输出结果的可见、可受审查与可问责。算法透明度的目的在于，确保用户知晓代替其作出决策的算法，其决策的过程和决策结

---

① 李婕 . 算法规制如何实现法治公正 [EB/OL]. http：//www. jcrb. com/procuratorate/theories/academic/201807/t20180710 _ 1883975. html （2019.03.01）.

② 好奇心日报 . 脸书新闻有偏见？它们公布了 28 页编辑工作指南 [EB/OL]. https：//www. sohu. com/a/75397149 _ 139533 （2019.03.01）.

③ 孙清白 . 人工智能算法的"公共性"应用风险及其二元规制 [J]. 行政法学研究，2020 （4）：58 - 66.

果是否确保中立，或者仅是算法设计者特定目的的反映。当然，即便算法背后反映出的算法设计者的特定目的是高尚的，也不意味着算法设计者就可对其算法的不透明而免受诘难。由此可见，透明与算法的正当性与可接受性密切相关，前者甚至成为后者的决定性因素。

可问题是，算法具有不透明的本质，这在很大程度上将会使得透明度并非一个规制算法的有效工具——难以在透明度基础上建立一种针对算法的问责机制。对于透明度不足以保障算法问责机制形成的原因，有学者将其归纳为以下五点：第一，阅读、跟踪并预测构成算法基础的复杂的计算机代码是相当困难的；第二，透明度要求与许多私有的算法治理的实现不相关，它们受贸易法保密规定的约束；第三，算法治理需要精力，以至于即使没有强制的透明性要求，也无法审查已经披露的所有信息；第四，当算法被要求取代人类进行拥有自由裁量权的决策时，关于算法的输入（事实）和输出（结果）的透明度对于实现充分的监管而言是不够的；第五，使用算法的主体多数是私营组织，其往往以实现利润最大化为目的，而这往往是在最低限度的透明度义务下运作实现的。当透明度要求是自愿而非强制性的时候，使用算法的私营组织其自愿披露的算法在很大程度上可能是局部的、有偏见的，甚至是误导性的。① 以上五点原因与前文有关算法不透明本质的分析基本上是契合的。

当然，尽管算法透明度的实现困难重重，但不能否认提高算法透明度是规制算法的一个重要前提，更不能放弃将算法透明度作为算法规制的目标。在既有研究中，一般认为，实现算法透明度的努力主要包括以下两个方面：一方面，借由专门机构对算法予以审计。可以说，导致算法不透明的一个重要原因是，商业机构以保护商业秘密为理由，而使得其产品背后的算法免于被公众知晓。针对此种现实，可能的路径是由专门的算法审计机构来对算法进行审计，由于审计机构具有专门性，借用专业技术可以在商业机构不公布其算法代码的前提下，构建起算法审计的模型，并在此基础上对算法的运行

① Maayan Perel，Niva Elkin-Koren. BLACK BOX TINKERING：Beyond Disclosure in Algorithmic Enforcement [J]. Florida Law Review，2016，69：188.

原理予以审计以确保算法的公正性。① 另一方面，尽管商业机构基于商业秘密保护的主张而可豁免其算法代码的公开，甚至算法的运行原理在很多时候又是如此复杂，以至于无法被理解，但这不意味着算法设计者就免除了对其设计的算法代码予以解释的义务，其至少应确保用户知晓算法是如何运行以及为何这样运行的，反映的是算法设计者的何种目标，尽管不要求算法设计者完全公开其算法代码。② 毕竟，即便算法运行机理如此复杂，但对算法决策过程、结果和意义等的解释，算法设计者最有发言权，也最能作出正确解释。

在此基础上，前面谈到算法具有数据依赖的本质，而数据的选取直接决定着算法的质量，如果算法设计者选择的数据具有"歧视性"，那么带有歧视色彩的数据训练出来的算法无疑也具有歧视性。为了打破算法黑箱，实现对算法的问责，还需对训练算法的数据进行稽查，由此确保数据训练的透明度，在最大程度上实现算法的可问责性。

2. 隐私保护的隐忧

信息技术的创新使社会变得更加开放和透明，但同时也使个人隐私渐渐成为一种稀缺资源。③ 人们在享受信息技术进步所带来便利的同时，早已不知不觉地将个人隐私置于危险的境地，即在"大数据下的裸奔"。例如，手机中的各种 App（应用程序，Application 的缩写）正无时无刻不在记录着人们在使用 App 过程中的一举一动，与个人生活相关的各种数据也正源源不断地归集到 App 平台上，以便于平台的开发者根据人们的喜好优化其产品，或者是精准推送。这一过程中，App 平台对个人信息的获取是隐蔽的，或者即便不是隐蔽的，也往往是在利用产品垄断地位制定的用户服务条款的不显眼处表明 App 平台将获取个人信息，加之用户在使用 App 产品之前往往忽略用户服务条款的内容，而在事实上构成对平台获取个人信息的知情—同意，最终的结果是 App 平台得以冠冕堂皇地获取个人隐私信息。④

① 凤凰科技. 专家：应建立第三方机构以管控作出糟糕决定的人工智能 [EB/OL]. http：//www. thecover. cn/news/227857 (2019. 05. 26).
② 张欣. 算法解释权与算法治理路径研究 [J]. 中外法学，2019 (6)：1425 - 1445.
③ 孙保学. 人工智能的伦理风险及其治理 [J]. 团结，2017 (6)：33.
④ 王薇. 100 款 App 测评 超九成过度收集用户个人信息 [EB/OL]. https：//www. sohu. com/a/278274944 _ 255783 (2019. 05. 26).

从信息隐私的既有研究看，隐私权的内涵极为丰富。隐私权滥觞于美国法系在普通法及宪法上以个案发展出对隐私保护的标准，对隐私采用广义的解释，包括个人自主决定（生育、婚姻、家庭、性关系等）和信息隐私两个类型。① 其中的信息隐私权是近年来随着信息科技高度发展和计算机普及而产生的新型权利，其基本内涵是指对自己信息的一种控制权，即"个人、群体或机构自主决定在何时以何种方式在多大程度上将有关自身的信息披露给他人的权利"。② 美国信息隐私权的判例与学说对我国相关方面也产生了重要影响。我国学者在关于隐私权的界定中，多数皆肯定隐私权的保护内容涵盖对个人信息的控制。如杨立新教授认为"隐私是与公共利益无关的个人私生活秘密，它所包容的内容，是私人信息、私人活动和私人空间"。③ 张新宝教授认为，基于对隐私内容的认识，考虑到我国民法通则的有关规定（如关于姓名权、肖像权的规定）及较为普遍接受的理论（如关于公民人身自由权的理论）之相互协调，隐私权是指公民享有的私人生活安宁与私人信息依法受到保护，不被他人非法侵扰、知悉、搜集、利用和公开等的一种人格权。④ 算法应用对个人隐私的隐忧主要指向的是信息隐私。⑤

举例而言，作为自动驾驶汽车的用户，在体验自动驾驶汽车所带来的"将人类从繁重的驾驶活动中解放出来"之便利时，会产生海量与个人相关的信息与数据。这些信息与数据会被自动驾驶汽车的算法系统所捕捉。尽管就目前而言，自动驾驶技术尚处于发展当中，自动驾驶汽车亦尚未最终成型，关于自动驾驶汽车可能会收集的个人信息与数据，还不存在一个详细的固定目录，但就自动驾驶的技术原理而言，用户被捕捉到的个人信息与数据至少包括两个方面：一是与自动驾驶汽车用户驾驶行为相关的信息与数据；二是自动驾驶汽车用户实时的或者历史的物理空间移动信息与数据。基于这些数据，便可清晰地掌握自动驾驶汽车用户的驾驶习惯、当前位置、去过哪里，

① Whalen v. Roe，429 U. S. 589（1977）.
② Alan F. Westin. Privacy and Freedom［M］. New York：Atheneum，1970：56.
③ 参见杨立新. 人格权法［M］. 北京：法律出版社，2011：598.
④ 张新宝. 名誉权的法律保护［M］. 北京：中国政法大学出版社，1997：39 - 40.
⑤ 刘培，池忠军. 算法的伦理问题及其解决进路［J］. 东北大学学报（社会科学版），2019（2）：118.

甚至是未来的驾驶计划等个人信息。① 不限于此，透过自动驾驶汽车用户的以上个人信息，算法系统还会推演出一系列与用户相关的其他个人信息。例如，自动驾驶汽车经常停放过夜的地理位置（如在高档住宅区）可被用来对自动驾驶汽车的可能用户进行侧面分析（如他们可能比较富有），且可预测到该用户的某些潜在行为（如可能进行高档消费）。同时，关于自动驾驶用户的侧面信息甚至还可被用来操控用户的某些个人选择，例如，去哪里旅行（如推送较为昂贵的旅游胜地广告），或者去哪里吃饭（如推介用户附近的一家五星级餐厅）。② 用户的信息与数据最终被自动驾驶汽车制造商所收集，而信息与数据的加工、处理、运算以及数据最后的呈现形态，可能完全脱离了作为信息与数据生产者的用户的控制。由此，自动驾驶汽车的用户难免产生这样一种感觉：赤身裸体地暴露在商家和社会公众面前。

就以上自动驾驶汽车的例子而言，算法对个人信息隐私权的侵犯主要可分为两种情形：一种是算法直接侵害用户（数据主体）的个人信息控制权，即算法系统在未经用户知情并同意的情形下，基于数据爬虫等技术秘密地获取个人信息与数据，即违反"知情—同意"原则。另一种是算法在获取个人数据的基础上，即便是遵循了用户（数据主体）的知情、同意而非秘密获取，算法依旧可能对大数据进行分析，进一步挖掘出用户知情并同意平台所获取的数据本身并未直接透露出来的个人隐私信息。除以上自动驾驶汽车用户侧面信息的推演之外，如 Facebook 亦可基于用户在平台上发布的个人信息，而准确地预测出平台用户的性取向、宗教信仰甚至是政治立场等一系列侧面信息。这些侧面信息无疑是数据主体并未授权平台获取，且不愿为人所知的个人隐私信息。③

毫无疑问，算法之应用以及其对于个人信息与数据的收集，使得个人隐私被置于险境。在此基础上，随着云计算和数据共享技术的广泛推广，个人

---

① Dorothy J. Glancy. Privacy in Autonomous Vehicles [J]. Santa Clara Law Review, 2012, 52: 1196 - 1197.

② Dorothy J. Glancy. Privacy in Autonomous Vehicles [J]. Santa Clara Law Review, 2012, 52: 1196 - 1197.

③ Taylor L. Safety in Numbers? Group Privacy and Big Data Analytics in the Developing World [A]. Taylor L, Floridi L, van der Sloot B. Group Privacy: New Challenges of Data Technologies [M]. Dordrecht: Springer, 2017: 13 - 36.

隐私信息泄露的风险又进一步被放大——当个人信息与数据被平台收集之后往往被转入云端的数据库中存储，平台对数据的管理不当，则可能会导致工作人员对用户信息与数据的外泄。与此同时，存储着海量个人信息与数据的平台数据库，或者数据的共享环节，难免有受到黑客攻击之虞，黑客的攻击亦会导致大面积隐私信息泄露的风险。[①]

3. 算法歧视的隐忧

算法具有歧视性的特征，算法之"输出"在代替人类的决策过程中，由于"输出"的歧视性，会进一步加剧社会的不公平。如何回应算法的歧视性本质是规制无法回避的问题。前文谈到，算法歧视的表现样态包括"潜意识歧视""互动歧视""选择歧视"以及"数据导向的歧视"等多种。究其根源，算法歧视之多种样态是现实社会生活中早已普遍存在着歧视现象的反映或者固化。[②] 原因在于，无论是算法代码的设计者还是作为算法"输入"的数据都并非凭空出现，而是深深地扎根于社会生活的大环境中，社会生活中长期存在的歧视现象很大程度上会被原封不动地被复制到算法应用上，甚至还有被放大之虞。概言之，人类的决策无法避免歧视现象的存在，代替人类做出决策的算法亦不能幸免。随着算法在就业、犯罪评估、信用评级等与个人人身、财产利益密切相关的诸多领域的广泛应用，算法的歧视性无疑会加剧这些与个人人身、财产利益密切相关领域的不公平现象，这对于相关受算法歧视人群的影响无疑是灾难性的。[③]

前文指出算法具有歧视性本质。有必要交代的是，导致算法具有歧视性本质的原因除了单纯的技术性之外，还有一些通过算法应用而产生的人为的有意识的歧视。此种歧视效果并非与算法的歧视性本质相关，但就法律规制角度而言，以算法为工具所产生的人为性歧视效果，亦不得不受到法律的关注。此类歧视最为典型的例子是通过算法的歧视性营销——算法被作为一种对消费者的身份、消费能力、学历状况等进行分类的一种手段——在用户不

[①] 孙保学. 人工智能的伦理风险及其治理 [J]. 团结，2017 (6)：33.

[②] 小强传播. 算法歧视研究：比大数据"杀熟"更值得关注的领域 [EB/OL]. https://feng.ifeng.com/author/618405 (2019.03.01).

[③] 何渊. 政府数据开放的整体法律框架 [J]. 行政法学研究，2017 (6)：66-67.

知情的情况下以更高的价格向其推销产品，展开"大数据杀熟"。① 还有一种可能是，某用户经常在团购平台进行团购，抑或是网购过程中偏好特价商品，该用户则可能会被算法贴上"消费能力差""缺乏稳定工作"的标签。当该用户转而网购奢侈品时，算法便会通过其无奢侈品购买记录，或者之前对该用户贴上的标签，而判定其无法辨识奢侈品的品质，进而可能向该用户推荐高仿产品，如果这位顾客确实未能辨别出产品的真假，那么该情况也会被算法记录下来，并可能在未来进一步向该用户售假，以实现商家的利润最大化。②

此外，当前备受关注的"大数据杀熟"也是以算法为工具所产生的人为性歧视效果现象。"大数据杀熟"实质是算法基于大数据分析作用的所谓"杀熟"效果。在算法的作用下，相同的产品、相同的服务，只是用户设备终端的使用者不同，使用者的消费习惯、消费记录，甚至是年龄段和所处地区等信息的不同，算法便会基于对用户数据的分析进而达到对用户的"熟知"，并基于其对用户的"熟知"，而对不同用户输出不同的价格，进而实现利润最大化。③ 不合理的"大数据杀熟"背后体现的是商人的逐利特性，其很大程度上与算法的歧视性本质无关，而是人为以算法为工具有意产生的歧视。当然，无论是技术性原因而导致的算法歧视本质，还是以算法为工具而人为产生的歧视，其在数字化外衣的包裹下更加隐蔽，在大数据的裹挟下只会更加司空见惯，而并非消失遁形。④但是，对价格不敏感、对服务质量和效率更为敏感的消费者，对所谓"大数据杀熟"可能完全是另外一种态度，对所产生的价格虚高不在意的话，是否还要对"大数据杀熟"予以规范则显得更为复杂。无论如何，如何准确界定歧视并应对算法应用所带来的歧视性效果，是算法法律规制无法绕开的重要议题。

总而言之，在当前日益复杂的社会生活中，对于管理、组织和分析海量

---

① 徐颖. 切实保障公民信息安全，为 APP 收集使用个人信息划定边界 [N]. 人民日报，2019 - 03 - 08 (7).

② 郭晓莉. 假货治理在电商时代遭遇的法律困境及其应对 [J]. 湖南科技大学学报（社会科学版），2016 (2)：98.

③ DT 媒体. 大数据杀熟：对用户信任的欺骗与背叛 [EB/OL]. https：//www.sohu.com/a/254507011_100139705 (2019.03.01).

④ 蔡斐. 算法也有公平正义 [N]. 深圳特区报，2018 - 07 - 31 (11).

网络数据并据此形成决策而言，算法无疑是一种有效的手段。但须注意的是，算法并非是完美的无可挑剔的决策者。因为技术的原因，抑或人为的因素，算法难免会产生不正确，或者不公正的决策结果，特别是当算法的开发者如果仅仅追求利润最大化，又缺少消费者和社会有效制约的时候，[①] 算法决策无法逃避法律的规制。但是，算法又有不透明的本质，算法决策过程很大程度上仍是一个"黑盒子"，人们无法知晓算法会做出何种决策、如何做出决策，以及到底是何种具体数据和原则来塑造算法的最终决策，这些疑问也给算法的规制带来了难题，其妥善解决也成为有效规制算法的前提。

（二）算法时代的社会风险

前文谈到，算法基于特定数据的"输入"，最终可以"输出"比人类决策更优的算法决策，此即算法应用之正当性基础，也是导致所谓"算法统治"现象的根本原因。算法的统治，或者说对人们社会生活的接管是人类对算法积极引导的结果，其目的在于通过算法之应用，为人类提供一种更为快捷、高效的方式来应对社会生活中出现的复杂问题，提供选择最优解。"算法统治"的言说指向的是算法对人类社会生活的控制，尽管此种说法难免有夸张的成分，但算法在给人类社会生活带来便利的同时，也不可避免地诱发新的社会风险。以实践中应用最为广泛的推荐算法为例，算法统治的社会风险至少集中在以下两个方面：

一方面，由于过于强调用户体验，推荐算法有可能会向某些人群精准推荐大量低俗信息，无视公序良俗。前文谈到，人们在生活中广泛应用的搜索引擎、即时通信工具、社交软件等，均无法离开算法而运行，可凭借其获取的用户个人信息、使用习惯等用户数据，对用户进行分类，并根据分类情况精准推荐用户可能感兴趣的信息。此种设计的核心要义在于根据用户的偏好提供产品服务，即通过精准推荐，从而实现用户的个性化体验，提升用户对产品的体验感。但问题是，不同用户的偏好是不同的，有健康与恶俗之分，

---

① Edward Lee. Recognizing Rights in Real Time：The Role of Google in the EU Right to Be Forgotten [J]. U. C. Davis Law Review，2016，49（1017）：1073.

由于商人的逐利性，平台会罔顾推荐信息的实质内容，而只关注推荐的信息是否符合用户的偏好，对于那些有着恶俗偏好的用户，算法依旧会推送大量低俗信息，这些低俗信息又反过来进一步强化用户的低俗偏好，对社会公序良俗和良好社会风气形成冲击。为此，《人民日报》等官方媒体发表多篇文章严斥该现象，如《向今日头条等低俗信息传播通道亮红牌》《搜索引擎不应忘记互联网"初心"》《不能让算法决定内容》等文章均指向一个问题：在流量为王的时代里，流量与金钱利益直接挂钩，算法已然成为洞察用户偏好的核心武器。① 尽管从技术的角度而言，精准推荐并无不妥，但在算法构建的投递模型中，"输入"的是用户偏好，"输出"的却是流量与利润的最大化。一旦算法的结果导向只有利润和流量，不关照正面社会效果，算法便丧失了技术的中立性，而沦为恶的工具。②

另一方面，既然推荐算法会为用户精准推荐大量低俗信息，那么是不是意味着只要推荐算法在推送信息的内容上进行控制，即可保证推荐算法免受诘难呢？答案是否定的。因为即便推荐算法推荐的信息是合法的，但因算法推荐信息的同质化，将会使用户陷入信息孤岛，缚于"信息茧房"。所谓"信息茧房"是指因为个人在接触信息上的"偏食"，而导致的视野局限，甚至可能沦为"井底之蛙"的一种现象，而精准推荐算法正是导致"信息茧房"的重要原因。③ 以搜索引擎为例，越来越多的搜索引擎开始凭借用户的浏览记录预测用户的兴趣、性格，甚至是职业，在此基础上不断借由信息推送检验之前的预测结果，形成一套较为准确的个人信息模型，并通过该信息模型精准向用户推送其感兴趣或者说与其价值观相契合的内容。这样一来，表面上看是用户在互联网世界里自由驰骋，其实在互联网世界接触的信息是算法为其量身定制的。④ 身处"信息茧房"的用户会深深地沉浸在自我价值观以及自我认知的世界中，而对其他领域越来越陌生，甚至是难以接受不同的

① 康璐玮. 人民网三批今日头条，推荐算法"此路不通"，资讯平台未来路在何方？ [EB/OL]. https://www.sohu.com/a/194116111_351788 (2019.05.24).
② 倪弋. 专家建议应强化对"算法推荐"本身的法治监管 [N]. 人民日报，2018-07-04 (19).
③ 李碧莹. 专家热议算法推荐，多元化智能算法可以打破"信息茧房" [EB/OL]. https://baijiahao.baidu.com/s?id=16556913663917774889&wfr=spider&for=pc (2019.03.01).
④ 周游. 我国亟待建立人工智能算法审查机制 [N]. 中国计算机报，2018-5-14 (12).

观点。① 对此，埃利·帕雷瑟（Eli Pariser）在《过滤泡沫》（*Filter Bubble*）一书中表达过类似的忧虑：精准推荐算法实质上扮演着一个过滤网的角色，在信息推荐中算法的过滤作用必然将会导致一个危险的结果，即接受算法推荐信息的受众视野会越来越狭窄，大批量的同质化信息使得其思维狭隘，判断极端，最终给个人和社会带来负面影响。② 更为极端的例子是，阿道司·伦纳德·赫胥黎（Aldous Leonard Huxley）在《美丽新世界》里描述了一个反乌托邦式的世界：人们被大量信息淹没，消遣取乐的欲望让人们会为微不足道的事情而痴迷。③ 事实上，"信息茧房"的负面效应在实践中已然初见端倪。来自 Facebook 数据科学团队的研究者在《科学》（*Science*）上发表的一项研究成果表明，通过对 Facebook 近百万用户进行调查和分析得出，算法过滤可能会导致人们接受对立政治立场的可能性变小。④

除了精准推荐大量低俗信息，或者使得用户缚于"信息茧房"之外，推荐算法技术本身的不成熟还会带来一些其他方面的风险。美国的反恐识别系统背后就是算法的应用，其虽能发挥保护国土安全的作用，但在实践中也会因疏漏频出而"错把杭州作汴州"。如长期生活在马萨诸塞州的美国公民 John Gass 就曾被美国的反恐识别系统识别为另一位具有潜在恐怖危险的司机，导致其驾照被莫名吊销。这种情况并非特例，据报道，在美国每天都有近 200 人被机场的反恐识别系统错误标记为恐怖分子，这都是算法系统识别不准确所导致的结果。⑤ 甚至，算法错误还会影响到人们的生命安全。在自动驾驶领域，Uber（优步）的 4 级自动驾驶汽车不能在夜间识别过路的行人，导致伤亡事故。⑥ 在医学领域，运用算法所开展的疾病筛查，因其有限的精

① 速途研究院. 算法推荐下的今日头条，信息茧房已让你成井底之蛙 [EB/OL]. https://www.sohu.com/a/216283666_174789 (2020.04.24).

② 全媒派. 个性化推荐阅读的质疑和 Facebook 的辩驳 [EB/OL]. https://www.jzwcom.com/jzw/3a/10063.html (2019.03.01).

③ 好奇心日报. 在技术决定眼界的时代，如何让自己不受算法限制 [EB/OL]. https://www.sohu.com/a/121940666_139533 (2019.03.01).

④ 参见果壳网. 限制你眼界的不是算法，而是你自己 [EB/OL]. https://www.guokr.com/article/440260/ (2019.03.01).

⑤ 许可. 人工智能的算法黑箱与数据正义 [N]. 社会科学报，2018-3-29 (06).

⑥ Gareth Corfield. Tesla Death Smash Probe: Neither Driver nor Autopilot Saw the Truck [EB/OL]. The Register, https://www.theregister.co.uk/AMP/2017/06/20/tesla_death_crash_accident_report_ntsb/ (2017.06.20).

确性而备受争议，并导致成千上万人可能会面临错误的治疗。①

概言之，随着算法在社会生活中的广泛应用，在那些与人身、财产密切相关的领域，由于算法技术的缺陷而必然会带来用户在人身、财产方面的风险。

（三）算法规制的正当性

由于计算机算力的不断提升，人工智能技术水平的不断提高，海量数据的源源不断供应，人们传统的行为模式、交往模式和社会模式不断遭到冲击和挑战，这使得新型权力模式逐渐产生，也呼唤着新的权利保护模式。② 算法便是典型的新型权力模式——随着算法的广泛应用，算法决策逐渐代替了人类决策，并取得对人类社会生活的支配性地位，牢牢地控制着人们的行为。同时，算法此种新型权力之运行又不可避免地带来问责缺失、隐私保护、歧视等方面隐忧。这就需要针对算法用户构建一套全新的权利模式以对抗新型算法"权力"，而这又需借由对算法的法律规制来实现。然而，关于算法规制的正当性问题，理论界素有争议。围绕算法是否需要规制问题，人们的认识也经历了一个变化过程。

具体而言，对算法予以法律规制并非一个事先给定的前提。长期以来存在着的"技术中立"的观点认为，从技术上讲算法是一种"中立"的客观结果，算法的技术中立性排斥法律的规制。③ 因为，现代法律意义上的"技术中立"要求剥离政策的技术偏好，"不应有意识地阻碍特定类型技术的发展，不应在技术之间设置歧视"。④ 但是，随着实践的不断发展，以及技术应用中所产生的负面效应层出不穷，人们逐渐认识到"技术中立"绝非颠扑不破的真理。即便技术的发展与进步能够给社会带来正面效应，但技术的完备必然有一个阶段，而非一蹴而就。技术的不完备或者使用不当，不仅可能使技术所带来的正面效应预期得不到彰显，甚至还会产生负面效应。此时，运用法律

---

① 小强传播.算法歧视研究：比大数据"杀熟"更值得关注的领域 [EB/OL]. http：//www.yidi-anzixun.com/article/0J7nlh3H（2020.08.18）.
② 郑戈.算法的法律与法律的算法 [J].中国法律评论，2018（2）：66-85.
③ 郑智航.网络社会法律治理与技术治理的二元共治 [J].中国法学，2018（2）：108.
④ 黄博文.算法不完备性及其治理：以互联网金融消费者保护为中心 [J].西南金融，2018（8）：49.

手段对技术予以规制已成为必然选择。针对技术的法律规制，不仅规避社会风险，也有助于将技术的发展与进步纳入法律所事先划定的框架中，推动技术的完善与推广。如前所述，算法技术的不完备不仅可以导致问责的缺失以及隐私保护上的隐忧，而且可能会固化社会中的歧视现象，唯有通过对算法的法律规制，才可能应对算法带来的上述隐忧，才可能促使算法技术的完善乃至是进一步推广。可以想象，在无法知晓算法是如何运作，甚至是在个人隐私得不到有效保障，以及可能遭受算法歧视的情形下，包括用户在内的整个社会必然会本能地排斥算法的应用。

概言之，技术的发展与进步和法律的规制并非互斥的，前者甚至无法摆脱后者的规范作用。也正因为如此，在我国算法应用的实践中，规制者并未机械地秉承"技术中立"之原则而置身事外，罔顾算法应用已经或者可能带来的不良社会影响。例如《中华人民共和国电子商务法》就尝试对算法的应用作出规范。该法第十八条规定，电子商务经营者根据消费者的兴趣爱好、消费习惯等特征向其提供商品或者服务的搜索结果时，应当同时向该消费者提供不针对其个人特征的选项，尊重和平等保护消费者合法权益。由此表明了立法者对算法的态度，即电商平台可以运用算法而对平台用户进行个性化精准推荐，但此种算法之应用行为不得侵害消费者的权利，由此划定了算法在电子商务平台中应用的合法界限。

当然，即便是在"技术中立"原则未被修正的情况下，算法应用作为技术的一种，其本身也很难被认定为是中立的。原因包括以下几点：①

第一，前文多次论述到，算法的运行过程看似是计算机独立完成的纯理性操作，但表现为程序代码的算法是人类编写的产物，编写程序代码的算法设计者无法避免将自己的主观价值取向、道德评判体系、政治倾向等主观因素，② 有意或者无意地反映到程序代码当中，算法设计者的意识带有主观性，体现此种意识的算法亦难以确保中立。举例而言，为确保算法之运行得到最佳结果，算法设计者在算法运行程序中会加入各种权重规则，这些权重规则

① 搜狐网.讲观点：算法是否能够做到客观中立［EB/OL］. http：//www.sohu.com/a/243308852_115445（2019.03.01）.
② 周游.我国亟待建立人工智能算法审查机制［N］.中国计算机报，2018-5-14（12）.

尽管可被视为对算法运行程序的合理修正，但其实质则带有设计者强烈的个人主观倾向。实践中，为确保公平公正地选拔优秀人才，在简历审核时，应用了标准的筛选算法，若算法设计者依据个人的所谓"经验"，而带有偏见地认为某特定地域的人相对不够诚信，于是便可能会自行降低来自该地域求职人员的通过权重，这样的算法决策结果对于该特定地域的求职人员自然谈不上公正。

第二，之所以说算法难言中立，除了因为算法是人类主观意识的产物，算法运行所依赖的初始数据的"不纯洁"，或者说"脏数据"带来的污染①也是导致算法不中立的原因。前文多次谈到，算法的根基是数据，根基不正，在数据基础上构建的大厦必然倾斜。倘若作为算法"输入"的数据被污染，那么基于这些被污染的数据而运行出来的算法"输出"也必然是"毒树之果"。数据被污染的例子在人们的日常生活中极为常见。以推荐算法为例，倘若人们在手机上使用某个视频浏览 App 浏览视频，该 App 会根据人们的浏览习惯精准地为用户推荐其所偏好的视频，但突然有一天用户发现其从未关注过的某个话题的相关视频，会被 App 频频推荐，即推荐的内容不再精准了。导致智能的算法推荐的内容不再精准的原因可能是有其他人一直在使用该 App 用户的关联手机账号浏览那些该用户从未关注过的某个话题的相关视频，进而使得算法之精准推荐所依托的原始数据被污染。以上这个例子或许比较极端，但现实应用中导致原始数据被污染或者不够准确的因素很多，如数据采集的场景不够科学、算法应用的客观实际过于复杂等。

第三，除了算法设计者的主观意识，以及数据被污染等因素外，致使算法技术难言中立的另一个重要原因是私营组织的刻意介入。客观而言，推动算法技术的进步与发展，乃至算法应用的推广，其背后最大的动力来自各种私营组织的逐利性——私营组织的目的在于通过算法之应用，改善产品的用户体验，进而在激烈的市场竞争中取得一席之地，算法被研发它的各大互联网公司视为决定其发展前景的核心商业秘密。在追逐利益最大化的目标之下，算法很大程度上沦为私营组织实现利益最大化的工具，执行算法的私营组织

---

① 彭兰. 假象、算法囚徒与权利让渡：数据与算法时代的新风险 [J]. 西北师大学报（社会科学版），2018（5）：20-29.

可以在算法当中随意灌输他们的价值观，甚至是特定目的。

总而言之，算法并非中立的技术性产物，无论是编写算法代码的设计者还是作为算法"输入"的数据都并非凭空出现的，而是深深地扎根于既有社会生活的大环境中。算法设计者，乃至作为数据来源的社会整体，均有着特定价值取向和道德评判体系等，这些特定价值取向和道德评判体系等将会成为形塑算法的重要因素。算法技术同时还是"市场主体追求商业利益的产物，是商业价值与道德标准在网络世界的体现"①。就此而言，作为算法的设计者，乃至主导算法研发的私营组织均应为算法运行承担一定的"监护责任"。换言之，我们在讨论算法的规制这一命题时，所规制的不是算法本身而是隐藏在算法背后的人的因素。

三、如何规制算法：基本理念、思路与格局

从规制的角度而言，算法具有不透明、数据依赖以及歧视性质，并由此导致问责缺失、隐私保护以及"算法歧视"等隐忧。随着绝对的"技术中立"原则的摒弃，算法规制有了正当性基础。那么，该如何规制算法呢？对此，以下分别从算法规制的基本理念、思路与格局三个维度予以明晰。

（一）算法规制的基本理念：分类规制

随着算法的广泛应用，人们对算法的依赖程度愈来愈深，当算法已经演变为一种资源配置的手段和规则时，在很大程度上可以说算法在实质上开始扮演着类似于法律的角色，在现实生活中调整人们的权利与义务，与每个人息息相关。那么，相应的算法也应当在一定程度上具有法律的公开性和可预测性，具有接受法律规制的底气。② 那么，该如何对算法进行规制呢？算法规制之具体展开应树立分类规制之基本理念。原因在于，并非所有类型的算法均需要进行规制，不同类型的算法其规制的程度也应当是有所区别的。具体可从以下三个层面展开论述：

---

① 朱巍. 网络直播推荐分发算法应纳入法治轨道 [N]. 检察日报，2018 - 01 - 24 (7).
② 张欣. 算法解释权与算法治理路径研究 [J]. 中外法学，2019 (6)：1437 - 1438.

1. 不同类型的算法在是否需要规制问题上应有所区别

前文谈到，算法是由一整套分步执行程序的指令所构成的计算机程序，就算法所"输出"的结果而言，可将算法分为两种主要类型：一种是"输出"的结果具有唯一正确答案的算法；另一种是作为主观决策者使用的算法。实践中，部分算法被用于处理有"正确"答案的程序，例如按字母顺序排序名称数据库，或计算每个雇员的平均销售额。相反，在主观决策过程中，并不存在一种这样的"正确"答案来锚定和评估算法的操作。例如，Facebook 就改变了其算法过程的"输出"结果，以选择显示他们 Facebook 网"朋友"或熟人状态的更新。这个算法没有一个完全适用于 Facebook 所有 10 亿用户的明显正确结果。事实上，在前一种情况下，由于算法"输出"结果存在一个通常情形下不可被争论的唯一正确答案，因此，从规制的角度而言，除非在极端情况下，很少探讨这种用于精确计算的算法的规制问题。而在后一种情况下，由于算法的"输出"结果并不存在一个标准答案，其可能产生的多种答案背后反映的政策考量迥异，因此不同的"输出"结果所产生的影响也是截然不同，故更应当被关注。相比较而言，作为主观决策者使用的算法，更容易产生上文所说的诸如隐私保护、歧视等问题，也更有必要作为规制的对象。换言之，我们所讨论的算法规制，很大程度上针对的是作为主观决策者使用的算法。[①]

2. 不同类型的算法在规制程度上应有所区别

前文反复强调，算法是程序设计者编写的产物，难免受制于人类的偏见。当然，该观点在技术上无疑是正确的，但并非绝对，否则可能会导致我们忽略了不同算法类型之间的本质区别。具体而言，就算法设计者所设计的算法是否服务于特定的政策议程，可将算法分为政策中立算法（policy-neutral algorithms）与政策导向算法（policy-directed algorithms）。举个简单的例子，在搜索引擎中搜索"热门医院"，如果搜索结果仅按照点击率排序，则这种算法是政策中立型算法，如果搜索结果优先推送某一医院或者屏蔽某一医院，

---

① Omer Tene, Jules Polonetsky. Taming the Golem: Challenges of Ethical Algorithmic Decision-Making [J]. North Carolina Journal of Law & Technology, 2017, 19 (1): 140.

则此种算法就是政策导向算法。政策导向算法中，私营组织故意灌输了特定的价值观和准则，以实现某项特定的政策议程；而政策中立算法运行中，尽管其同样是人为设计的，但如果算法结果的偏差只是由数据背后隐含的社会偏见或人性偏见造成，那么即使产生不公平现象，也是数据造成的可以接受的不公平，而非特定政策议程所导致的。基于这一分类，本书赞成这样的观点，即对使用政策导向算法，私营组织应施加更严格的透明度和道德审查义务，政策导向算法才是法律规制的重点。但以上政策中立算法与政策导向算法的理论分类，在实践中的运用可能存在一定的难度，因为以上两类算法的区分并非泾渭分明，一个算法是否直接受某一政策的干预并非显而易见，部分算法对政策的服务呈现频谱状态，部分算法虽然不受政策导向，但亦会受到较强的设计者主观意识的影响，故在法律上对二者划定明确的界限仍然存在技术性难题。① 问题更为复杂的是，对于搜索"热门医院"，如果搜索结果仅按照点击率排序，这种看似中立的算法推荐，也可能被医院乃至黑产利用，通过技术手段控制点击率而跃升至搜索排名最靠前的位置，那么不对这种干扰搜索的行为予以干预，也有违公平正义。而政策导向算法对上述推荐的干预，必须符合一定的规制并受到政府监管的约束，才有可能不偏离法律和道德的要求。

3. 根据导致算法风险的人的主观恶性决定规制措施的严格程度

前面谈到，算法的规制本质上是对算法背后的人的因素进行规制。好比刑罚之轻重除与犯罪行为之社会危害后果相关，还取决于犯罪分子之主观意图。在规制算法过程中，面对算法导致的社会风险，还应穿透算法风险，根据算法背后的人的主观恶性来决定施加何种严格程度的算法规制措施。尽管产生社会风险的算法皆可被称为恶性算法，但此种以社会危害后果笼统定义的恶性算法，其背后人的主观恶性却非完全相同。对此，有学者根据算法背后人的主观恶性不同，将恶性算法分为以下四个层次：②

首先，处于主观恶性底端的是那些无意识地单纯反映既有文化歧视的算

---

① Omer Tene, Jules Polonetsky. Taming the Golem: Challenges of Ethical Algorithmic Decision-Making [J]. North Carolina Journal of Law & Technology, 2017, 19 (1): 140.

② 猎云网. 这些年坑爹的算法都是这样套路我们的！AI 时代，如何才能不被算法忽悠？[EB/OL]. http://www.sohu.com/a/158812909_118792 (2018.03.01).

法。例如，哈佛大学拉坦亚·斯维尼（Latanya Sweeney）教授发现，用Google浏览器搜索类似黑人名字的字符时，Google产生的广告是与犯罪行为有关的。但这些恶性广告的出现是由之前使用Google搜索的用户行为导致的。之前大量搜索类似名字的用户会更多地点击与犯罪记录有关的广告，而Google浏览器只是记录了之前的搜索行为。此种情形下，尽管Google浏览器应用的算法产生了一定的危害社会后果，但该危害社会后果并非算法设计者的有意为之，很难由此去苛责Google浏览器的工程师编写的算法存在种族主义倾向。

其次，处于第二层次的是人为疏忽导致的偏离正轨的算法。以Google照片识别系统为例，该系统背后的算法在应用中长期存在的问题是，黑人相片会被照片识别系统自动打上"大猩猩"标签，而这使Google公司陷入"种族主义"的批评浪潮，以致Google公司不得不从搜索结果中删除该标签，并进一步采取措施防止照片识别系统将任何图片标记为大猩猩、黑猩猩、猴子，甚至包括灵长类动物本身。事实上，导致Google照片识别系统出现以上问题的原因是工程师在照片识别系统算法的设计中忽略了对该系统的质量评估：在最终的照片识别系统被推出之前，未能验证其是否适用于大范围的测试用例，由此导致了以上漏洞。

再次，处于第三层次的是那些虽性质恶劣但可能不违反法律的算法。举例而言，澳大利亚的Facebook的高管曾向广告商展示如何利用技术精准定位到那些易受广告影响的青少年受众。此举非常可怕，却不一定违法。事实上，在线广告大体上可被视作一种波谱图，富人看到的广告都是关于奢侈品的，而穷人则会被提供在线短期小额贷款服务的放贷人盯上。此种情形下的算法应用，虽很难被认为违反了相关法律，却产生了不良的社会后果，而该不良社会后果的产生是算法设计者有意为之的。

最后，处于最顶层的则是那些反映特定意图的恶劣算法，这些反映特定意图的恶劣算法还违反了相关法律。例如，全球有数百家私营组织就研发并推出用来作为大众监视工具的算法，据宣传，这些算法能够准确确定恐怖分子或犯罪分子的位置。但事实上，这些用来作为大众监视工具的算法会被用来确定公民的活动场所或者家庭住址，也即产生了监视公民的效果，这显然是法律所禁止的，因为其严重侵害了公民的隐私权、信息自决权。

就以上不同类型的恶性算法而言，无论是从算法背后的人的主观恶性，乃至合法性而言，都存在本质的区别。针对以上不同类型的恶性算法，在选择采取的规制措施时，至少在规制措施的严格程度上应当有所区别。具体而言，对第四层次的故意为之的恶劣算法，应采取最为严格的监管手段。对第三层次的性质恶劣但合乎法律的算法，尽管其合乎现行法律，但出于避免负外部性的考虑，应将其纳入规制范围。至于第一层次的反映文化歧视的无意识问题的算法，以及第二层次的由于疏忽而导致偏离正轨的算法，在规制措施的选择上，可采取更为柔和的规制策略。

（二）算法规制的思路：针对算法的元规制

算法之应用使得人工智能很大程度上成为可能，而无论是人工智能，还是其背后的算法本质上皆是技术进步的结果，是技术上的创新。同其他新生事物一样，从规制的角度而言，技术上的创新可能导致"规制的崩溃"（regulatory disruption）。因为创新意味着对现有规则的破坏，现有规则如若不能同创新与时俱进，那么规则的制定者必须有更新规则的考量，以免人工智能以及算法背后的技术创新被过时、延迟、过度的规制所抑制。同时，技术创新可能带来的风险，还决定了必须通过规制保障社会公众在接受人工智能或者算法产品时的安全性。面对人工智能及其背后的算法，我国相关主管部门已采取了若干规制措施，如 2017 年 1 月 6 日，北京市委网信办发现今日头条 App "头条问答" 栏目多次登载庸俗讨论话题，而对今日头条提出严肃批评，并责令其整改。2017 年 12 月 29 日，国家网信办指导北京市委网信办，针对今日头条、凤凰新闻手机客户端持续传播色情低俗信息、违规提供互联网新闻信息服务等问题，分别约谈两家企业负责人，责令企业立即停止违法违规行为。为回应官方的整改要求和社会上的质疑，今日头条甚至公开了其推荐算法的基本原理以及算法模型设计维度与策略。[①] 但是，无论是非制度化的 "约谈"，或者 "运动式" 的集中整改，显然只能是治标不治本，远无法满足算法规制的要求。同样，互联网企业对算法的公开亦无法涵盖整个算法运行

---

① 全天候科技. 今日头条首次公开算法原理：并非把所有决策都交给机器［EB/OL］. https：//www.sohu.com/a/216025615 _ 99981833（2020.04.26）.

的全部，算法应用中的绝大多数问题的解决难以通过算法运行机制的公开一蹴而就。算法的法律规制尚需在制度层面从长计议，其中的核心议题在于如何处理好规制与创新的关系。

1. 传统规制路径的转型

政府是规制的主要实施者，传统规制理论也是以政府作为主要规制者进行建构的。那么，政府为什么要进行规制呢？对此，规制理论从经济学的角度进行了解释。一言以蔽之，政府规制的目的在于解决市场失灵。就政府规制的类型而言，保罗·乔斯科（Paul L. Joskow）在《经济规制》（*Economic Regulation*）一书中将政府的规制行为分为经济性规制和非经济性规制两种。① 所谓经济性规制，往往存在于自然资源的开发行业、拥有较为明显垄断地位的行业或双方存在明显信息不对称情形的行业中。在这些行业中政府往往采用定价、限价等规制手段，以避免因市场资源配置效率低引发的不公平现象。② 而非经济性规制则主要是通过政府为企业的运营设定安全以及服务质量等方面的标准，以保障劳动者和消费者的权益，进而使企业达到安全、健康、卫生、环保等方面的目的。③ 无论是经济规制还是非经济性规制，其就规制路径而言，"传统对规制的理解强调两种相互对立的情形：自由与控制。政府可以把裁量权完全留给企业，任由其根据自身理由运营；或者剥夺企业的裁量权，以制裁措施为威胁，来实施规制，以实现企业利益和社会整体利益的一致。往往略带贬义地，将后一种进路称为命令控制型规制"。④

在实践中，传统的命令控制型规制形式无疑占据着主导地位。由此，"在对政府规制和政府规制法的研究中，学术界往往会有意或无意地强调行政的作用，强调命令—控制型的行政规制工具，强调行政的高权性和行政相对人

---

① Paul L. Joskow. ECONOMIC REGULATION xi（2000）（distinguishing between economic and non-economic regulation）. Quoted from：Lee A. Harris. Taxicab Economics：The Freedom to Contract for a Ride [J]. Georgetown Journal of Law and Public Policy，2002，1：195.

② 按照 Lee A. Harris 的解读，在《经济规制》这本书的语境当中，市场准入上的规制在内涵上指的是规制者对市场竞争者数量上的限制。在本书中，笔者也采用这一表述，即在没有做出特殊说明的情况下，本书语境当中的"准入限制"指的是数量上的限制。Lee A. Harris. Taxicab Economics：The Freedom to Contract for a Ride [J]. Georgetown Journal of Law and Public Policy，2002（1）：195.

③ 李烁. 论网约车规制的美国模式及其最新探索 [J]. 公法研究，2017（春季卷）：197.

④ 罗伯特·鲍德温，马丁·凯夫，马丁·洛奇. 牛津规制手册 [M]. 宋华琳，李鸻，安永康，等译. 上海：上海三联书店，2017：163.

的服从"。① 尽管传统的命令控制型规制形式在很多情形下都是一种较优的选择，但传统的命令控制型规制片面强调规制主体的主导作用，对规制主体的规制能力、道德感、责任感有着较高要求，若规制主体无法满足要求，则会产生其他负外部性，如规制对象与规制主体间的对抗关系，规制主体的权力滥用甚至是权力寻租。例如，"已经有许多文献指出，很多行业之所以要设立规制，原因无非是存在着信息不对称，而规制成为这些领域因其而导致市场失灵的良药。但是有越来越多的研究表明，传统命令控制型的规制——比如数量禁止和价格规制——容易扭曲市场机制，进而形成科斯所说的'天堂谬误'：本意为了纠正市场失灵的政府规制，最终却导致规制失灵"。②

鉴于传统的命令控制型规制形式的固有缺陷，倚重于自我规制的"元规制"（meta-regulation），这种更"软"的规制进路，基于其相对优势，在很多情形下被认为是一种很好的规制替代进路。所谓元规制，是指政府对"自我规制"的规制。而自我规制则是作为政府规制对象的被规制者的自我约束，其基本含义是指，"个人或团体本于基本权主体之地位，在行使自由权、追求私益之同时，亦志愿性地肩负起实现公共目的责任"。③ 由此，元规制不仅重点关注外部规制者，同时也整合了自我规制的洞见，即规制对象本身可以构成约束自身活动的来源。外部规制者可以通过多种方式来要求或塑造规制对象的自我规制，这些方式包括做出明确威胁、表明未来所采取的规制和惩罚形式、消除裁量运作的空间等，也包括对进行自我规制的企业给予奖励或者认可。根据这种进路，元规制的制度设计下，政府规制者发现某一问题，然后命令规制对象制定方案来解决这一问题，作为回应，规制对象对自身施加内部的规制。

相较于传统的命令控制型规制形式，在以下两种情形下，规制者或许会发现，最佳选择是推行元规制策略，或者简单地任凭自我规制发展：第一，当规制者在缺少必要的资源和信息，无法设计合理的规则来限制规制对象的裁量权时，自我规制与元规制能解决特定问题。第二，当规制问题过于复杂，

① 宋华琳. 论政府规制中的合作治理 [J]. 政治与法律，2016（8）：14.
② 傅蔚冈. "互联网＋"与政府规制策略选择 [J]. 中国法律评论，2015（2）：53.
③ 孙丽岩. 负面清单管理模式下网约车的法治进路 [J]. 厦门大学学报（哲学社会科学版），2018（6）：127.

或某个行业存在异质性，或处于动态演进之中，更适合选用自我规制与元规制。[①] 原因在于，究其本质而言，在元规制和自我规制中，都将如何规制的裁量权从规制者转移给规制对象。这种裁量权的转换存在益处，因为规制对象可能掌握着更多与自身运营相关的知识和信息，因此更有可能找到最符合成本有效性要求的解决方案。正如有学者所言，"行业自我规制存在明显的优势，其迅速、灵活，对市场情形敏感，而且成本较低"。[②]

2. 针对算法的元规制

作为传统的命令控制型规制形式，元规制作为一种更好的规制替代进路是有着一定的条件的。那么，在算法规制的场景之下，是否满足这些条件以及是否需要将一定的裁量权转移给作为规制对象的行业与企业，进而对算法采取元规制呢？答案当然是肯定的。

具体而言，传统的命令控制型规制形式之下，通常要求规制者不仅要掌握特定算法产品或者算法应用模式相关的风险信息，还必须要了解与算法产品或者算法应用相关潜在风险的严重性以及这种风险发生的盖然性。但是，在诸如人工智能、机器学习、算法等新兴市场中，规制者可能发现相较于作为规制对象的产业界本身，规制者存在严重的信息劣势，甚至很大程度上对被规制的对象一无所知，对于作为"黑箱"的算法应用更是如此。正如有学者所言，人不可能控制或约束自己不懂的东西。之所以说人工智能算法的深度学习过程是个"黑箱"，主要的原因除针对算法商业保密外，更重要的是即便公开了算法代码，法官和律师很大程度上也无法知悉其原理，遑论对其进行合法性评判。[③]

相较于政府主体而言，在诸多技术创新领域，行业或者企业更接近技术和创新的前沿，对于风险认知能力更强，更能调动诸多的专业知识，以及根据技术的创新实践调适规制行为。以算法应用中的信息隐私保护问题为例，技术进步导致的信息隐私泄露风险，在很大程度上依赖企业或者行业的自我

---

① 罗伯特·鲍德温，马丁·凯夫，马丁·洛奇．牛津规制手册［M］．宋华琳，李鸻，安永康，等译．上海：上海三联书店，2017：167-169.

② 罗伯特·鲍德温，马丁·凯夫，马丁·洛奇．牛津规制手册［M］．宋华琳，李鸻，安永康，等译．上海：上海三联书店，2017：169.

③ 郑戈．如何用法律规制算法？如何用算法强化法律？［J］．中国法学评论，2018（5）：8.

规制予以解决，如借由技术进步采取的信息加密、信息最小化措施就被认为是确保用户隐私信息安全的良策。概言之，对于新兴的算法技术和市场而言，企业或行业的自我规制具有不可替代的优势。

如算法规制等特定场景中，自我规制的优势在于资源和信息上的优势，但这并不是说自我规制就足以应对算法应用所带来的社会风险，并一定顺利实现规制的目标。原因在于，自我规制之下的行业或者企业虽掌握更多的资源，也掌握更充分的信息，但行业和企业未必有更多的动力来为公共问题寻求妥善解决之道而牺牲行业或者企业的私益，即便此种利益可能是不正当的。在这种意义上，行业或者企业的自我规制面临的最大质疑在于，如何确保被规制对象运用被赋予的裁量权去实现规制目标，而非仅仅追求行业或者企业私人利益的最大化。①

对此，规制理论给出了答案，即自我规制良好效果的取得很大程度上取决于规制者对行业或者企业施加的一定外部约束或激励，并对行业或者企业自我规制效果进行评价。对于评价结果不佳的行业或者企业，可以采用更为严厉的行政手段或法律手段进行制裁，② 对于评价结果良好并较好地实现社会公共利益的行业或者企业，则可施加一定经济激励。借由外部约束或激励推动行业与企业的自我规制便是所谓的元规制。显然，如果将元规制与自我规制相比较，元规制所具有的相对优势在于，元规制下有着明确且有意施加的外部影响或监督，如果施加给元规制的外部力量来自一个使命或利益同整体公共利益更为一致的主体，那么将使得自我规制的结果更趋于接近整体公共利益。③

算法之规制有其必要性与正当性，对此前文已有充分论述，问题的关键是如何在规制算法中避免因潜在的技术风险而产生抑制技术创新的结果。就此而言，针对算法的元规制无疑是实现技术创新与社会安全相平衡的更优的规制路径。原因在于，元规制不仅能够通过行业与企业的自我约束，实现对

---

① 罗伯特·鲍德温，马丁·凯夫，马丁·洛奇. 牛津规制手册 [M]. 宋华琳，李鸻，安永康等译. 上海：上海三联书店，2017：170.

② 王茹. 互联网经济规制的原则与多元规制体系的构建 [J]. 行政管理改革，2018 (1)：42.

③ 罗伯特·鲍德温，马丁·凯夫，马丁·洛奇. 牛津规制手册 [M]. 宋华琳，李鸻，安永康等译. 上海：上海三联书店，2017：181.

算法风险的规避，而且可避免由于信息劣势而导致的规制者的不当直接干预，进而将阻碍技术创新发展的可能性降到最低。由此形成的规制框架是，作为规制者的公权力主体从外部对行业与企业施加压力，确保行业和企业能够通过自我约束实现规制目标。

从规制主体的角度看，元规制下形成的基本格局是多元主体的共治，参与规制的主体不仅有传统作为规制者的公权力主体，还包括传统意义上作为规制对象的行业和企业自身。此种多元主体参与的规制格局也契合了近年来颇为流行的多元共治理论，即在公权力机关的引导下，行业组织、企业等主体有序参与公共事务，以实现多中心治理模式下的良性互动。针对算法的元规制，或者说在多元共治的格局下，立法机关、政府、行业组织以及企业等多元主体的合作与参与，将分散的资源进行进一步的聚合和共享，将分散的利益进行进一步的融汇和集聚，从而更好地实现算法的规制目标。①

（三）算法规制的格局：多元主体共治

传统的以公权力机关为核心的规制框架，在算法等新兴事物面前，往往显得力不从心，由此呼唤针对算法的元规制，形成多元主体共治的算法规制格局——多元规制主体以加强合作、互动性更强的方式，形成相对更为持续、更为稳定的关系，来协调利益和行动，更好实现行政规制任务。② 在算法规制的多元主体共治的格局下，对接不同规制主体的角色及优势，建立起包括法律规制、伦理规制、行业规制、自我规制等在内的多元互动的算法风险规制体系，多途径地控制算法应用可能带来的风险。③ 在形成多元主体共治格局的基础上，基于算法技术研发和应用的跨国性，还应进一步推动算法规制的国际合作。

1. 强调立法机关的引领作用

从域外经验看，在算法规制中立法机关无疑发挥着引领作用。如美国早在 2017 年就开始了与人工智能算法相关的立法。为监管自动决策算法，提高

① 李玫. 西方政策网络理论研究 [M]. 北京：人民出版社，2013：111.
② 胡敏洁. 从"规制治理"到"规制国"[N]. 人民法院报，2018-11-6 (3).
③ 王茹. 互联网经济规制的原则与多元规制体系的构建 [J]. 行政管理改革，2018 (1)：21.

政府决策力，促进人工智能发展，美国纽约州率先通过《政府部门自动决策系统法案》，该法案主要分为厘清自动决策系统概念、制定公共政策算法审查的规则、建立政府决策算法公众问责机制三个部分。法案中的管理人员是政府召集组成的具有广泛性的专门工作小组，算法专家、公益人士、普通大众都是小组成员，对算法规则的制定和算法的公平性问题进行监管。就我国而言，立法者引领作用的发挥，除应厘清算法的概念及应用范围之外，[①] 还应将算法披露、隐私信息保护等义务赋予人工智能研发企业。在此基础上，赋予相对人之算法解释权，并把部分伦理规范融入法律规则，进而为后续算法规制在实践层面的展开提供规范依据。

一是通过立法明确算法的应用范围。算法的本质是代替人类作出决策，但此种对人类决策的代替作用并非可推广至所用领域，亦非在应用上毫无条件可言。以《欧盟通用数据保护条例》（General Data Protection Regulation，GDPR）为例，其就对算法的应用范围进行了规定，具体体现在个人有拒绝算法代替其做出决策的权利，即在算法应用范围的划定中，作为用户的个人应有相当的决定权。如 GDPR 第二十一条规定："数据主体有权根据其特殊情况，在个人数据被处理的过程中行使反对数据画像的权利。"GDPR 第二十二条规定："如果某种包括数据画像在内的自动化决策会对数据主体产生法律效力或者造成类似的重大影响，数据主体有权不受上述决策的限制。"尤其是就 GDPR 第二十二条而言，其在内容上类似于公法上的比例原则，由此可引申出的另一层含义是：如果算法决策对数据主体有法律效力或者重大影响，那么这种决策不应纯粹由算法做出。这一点在 GDPR 其他规定中亦有所体现，如根据 GDPR 第二十九条的工作组指引，在下述情形中不得使用自动化决策：例如合同的解除、行政奖励的取得与丧失、出入境自由的获取与剥夺、公民身份的认可与否认等，上述禁止算法应用的场景其共同特征是算法的自动化决策能够影响行政相对人的权利义务关系。[②] 在我国未来立法中，亦应对算法的应用范围进行明确规定，避免算法决策影响公民的合法权利。

二是通过立法设计层次不同的算法披露义务。算法的不透明本质构成了

---

① 周游. 我国亟待建立人工智能算法审查机制 [N]. 中国计算机报，2018 - 5 - 14 (12).

② 汪庆华. 人工智能的法律规制路径：一个框架性讨论 [J]. 现代法学，2019 (02)：55 - 64.

对算法进行规制（审查）的前提性障碍。基于此，算法规制的当务之急是借由立法设立算法设计者的算法披露制度。具体而言，当算法的设计目的是为了推进预定义的政策议程时（即政策导向算法），算法的设计与应用必须遵循业已制定的伦理准则，并对社会披露，以便接受监管部门的审查。当然，算法披露制度中的算法公开并非要求绝对的披露。原因在于：一方面，算法的运行机制处于不断更新变化之中，尤其是机器学习算法更是处于持续更新当中，实时的算法披露本身在技术上存在相当的难度；另一方面，前面也谈到，算法是互联网企业的核心竞争力，事关企业的发展前景，倘若一概要求披露算法代码，则有侵害企业商业秘密之嫌，并会由此挫伤互联网企业进一步研发算法的积极性和创造性。[1] 那么，如何划定算法披露的界限？算法披露的核心要义在于通过问责而避免算法之应用侵害用户权利，算法披露以保护用户权利为限。在披露的范围上，算法的设计仅需披露有意义的、可观测的指标证明算法的合法性，包括算法的公平性、性能和效果，解释"输出"结果的逻辑过程等，并围绕这一目标构建评估指标体系。[2] 至于算法的源代码，其作为研发企业的核心商业秘密，则不应被要求公开。

三是明确算法应用中个人隐私信息保护的基本原则。在人工智能时代，衡量算法是否足够"智能"很大程度上取决于算法自我学习所依赖的数据的广泛性和真实性。因此，数据是产生人工智能道德风险和法律风险的源头之一，也是算法法律规制所应关切的问题之一，具体关切应主要落实到对算法用户的个人隐私保护问题上。就目前而言，我国尚未出台的综合性的个人信息保护法草案正在征求意见，与个人信息保护相关的规范散见于《中华人民共和国民法典》《中华人民共和国网络安全法》《中华人民共和国刑法修正案（九）》《信息安全技术个人信息安全规范》等不同法律法规当中，由于缺乏综合性个人信息保护立法，可以想象，在未来对算法予以规制的立法中，隐私信息的保护无疑是立法的重要内容。至于如何立法，可以借鉴经济合作与发展组织（OECD）在 1980 年推出的《隐私保护和个人数据跨境流通指南》

---

① 黄博文. 算法不完备性及其治理：以互联网金融消费者保护为中心 [J]. 西南金融，2018（8）：49.

② 刘晓春. "儿童邪典视频"背后：算法治理的多元路径 [EB/OL]. http://stock.eastmoney.com/news/1407，20180212833880772.html（2018.02.08）.

(OECD Guidelines on the Protection of Privacy and Transborder Flows of Personal Data 1980)，这也是早期世界范围各国个人信息保护立法的模板，其中规定了收集限制原则、资料质量原则、目的明确原则、使用限制原则、安全保护原则、公开透明原则、个人参与原则、责任原则共八项原则。这八项原则在 GDPR 和《美国隐私权法案》中均有所体现。以上有关隐私信息保护的原则和内容可为我国未来算法规制立法中个人隐私信息保护问题的处理提供借鉴。

四是赋予相对人算法之解释权。[①] 为打破算法的"黑箱"，应坚持算法的可解释性原则，该原则的落实很大程度上是通过立法赋予相对人算法之解释权而实现的。算法解释权是指当相对人认为自己的权利可能或已经在算法的自动决策过程中受到损害，有权向算法的设计者和开发者提出请求，要求知晓其个人数据与信息在算法处理过程中的运行逻辑和运作方法，并可以对算法的决策提出异议并要求更正或赔偿。算法解释权是典型的人工智能时代新型的救济权利，其请求的对象并非是传统的公权力组织，而是掌握着技术权力的算法设计者和执行者。[②] 这一权利并非是一种理论上的推演，欧盟早在2018 年出台的 GDPR 中就有所体现。依据其规定，在任何情况下，该等处理应该采取适当的保障，包括向数据主体提供具体信息，以及获得人为干预的权利，以表达数据主体的观点，在评估后获得决定解释权并质疑该决定。[③]当然，即便是在欧盟，相对人算法解释权制度还只是一个新规定，并且当前只是限于宏观层面，其在我国的确立还有待进一步观察和细化。[④]

五是把部分伦理规范融入法律规则，强化社会伦理对算法设计者的约束力。体现为计算机代码的算法本质上是算法设计者的个人意见的表达。但在算法之设计与应用中，既要顾及到算法设计者个人意见的表达，更为重要的是还应考虑算法给公共利益所带来的影响，尤其是在与公共利益密切相关的如司法、金融、就业、医疗、交通等领域的应用，必须无碍公共利益的实现。

---

① Bryce Goodman，Seth Flaxman. European Union Regulations on Algorithmic Decision-making and A "Right to Explanation"［J］. 2016 ICML Workshop on Human Interpretability in Machine Learning，2016.

② 张凌寒. 风险防范下算法的监管路径研究［J］. 交大法学，2018（4）：49 - 62.

③ 徐凤. 人工智能算法黑箱的法律规制：以智能投顾为例展开［J］. 东方法学，2019（6）：82.

④ 张欣. 算法解释权与算法治理路径研究［J］. 中外法学，2019（6）：1425 - 1445.

"基于维护社会公共利益和公序良俗的需要，应将无差别不歧视、保护基本人权、尊重个人隐私等原则纳入"① 算法的伦理规则中，由此约束算法设计者的算法代码编写行为。也正因如此，对于自动驾驶汽车的出现所引发的诸多伦理问题，德国交通运输部就制定了明确的伦理准则，对其进行回应。相应的，我国亦有必要针对算法设计者，在哲学家、社会学家、法学家等群体的介入下出台一套完整的人工智能和算法伦理准则，为算法的研发和应用提供伦理指引。② 在此基础上，还可实现对算法的伦理审查。具体可借鉴我国网络游戏道德委员会的经验做法，即在中宣部指导下网络游戏道德委员会由有关部门、高校、专业机构、新闻媒体、行业协会等研究网络游戏和青少年问题的专家、学者组成，专门对存在道德风险的网络游戏进行评议。至于算法的伦理问题，同样可由相关专家、学者等不同群体组成的专门委员会对算法伦理进行审查，进而为科技、工信、网信等主管部门等规制主体做出规制策略提供参考。③

随着算法在公权力领域的应用，如美国就已展开探索将算法应用到量刑、保释、假释等决策中，代替原本由法官做出的决策，此时的算法决策由于其适用领域的特殊性，还应受到公法的特殊规制。以正当程序（due process）为例，公权力之行使对相对人权利产生不利影响时，应遵守正当程序的规定，公权力机关的程序性义务也对应着相对人的程序性权利。同样，随着算法在公权力领域，尤其是在犯罪量刑等司法活动中代替公权力机关决策，算法决策的做出亦应遵循相关程序性规定。例如，"犯罪风险预测算法造成了犯罪治理活动启动时点前移，基于控辩平等原则的要求，有必要将辩方的程序性介入也相应提前"。④ 在实践中，算法决策因未遵循正当程序而正面临着诘难。如在美国威斯康星州的 State v. Loomis 案中，被告认为州法院使用 Compas

---

① 倪弋. 专家建议应强化对"算法推荐"本身的法治监管 [N]. 人民日报，2018 - 07 - 04 (19).

② 有同样观点认为，"应在行业协会成立算法道德委员会。商业价值不能作为算法分发推荐的唯一标准，'道德算法'也应被融入其中。""在立法上明确算法的性质。符合法律法规、自律公约和道德规范的算法具有中立性，但违反法律强制性规定，怠于履行法律义务和社会责任，只顾商业价值不顾道德标准的算法必须承担法律责任"。参见朱巍. 网络直播推荐分发算法应纳入法治轨道 [N]. 检察日报，2018 - 01 - 24 (07).

③ 孙益武. 规制算法的困境与出路 [N]. 中国社会科学报，2019 - 04 - 24 (5).

④ 裴炜. 个人信息大数据与刑事正当程序的冲突及其调和 [J]. 法学研究，2018 (2): 58.

算法模型量刑违反了正当程序原则,算法决策的准确性、透明性都有待检讨,遂向州最高法院提出上诉。[①]

2. 优化政府行政规制职能

承前论据,算法之规制应当由传统的命令控制型规制形式,转变为倚重于自我规制的元规制这种更"软"的规制进路。元规制作为对行业或企业自我规制的规制,除立法者之外,政府还应当优化规制职能,侧重于对主导算法设计的人工智能研发企业的间接规制。此类间接规制主要侧重于约束、激励两个方面:

就约束作用之实现而言,为落实算法规制立法所赋予人工智能研发企业的算法披露等义务,有必要立法的授权政府,应设立专业的算法规制主管部门承担其算法规制的具体职能。算法规制主管部门的组成人员可包括政府相关职能部门负责人员、计算机专家、相关行业和企业代表、法学学者、公益组织甚至是普通民众等不同利益群体。设立专门算法规制机构也是域外国家的普遍做法,如德国就已设立名为"监控算法"(Algorithm Watch)的算法规制机构,[②] 旨在评估并监控影响公共生活的算法决策过程。[③] "监控算法"的规制机构承担的职能包括审核互联网访问协议的规范性、制定数字管理行业准则、跟踪个人信息再次使用情况等方面,此外还有权制定相关文件对个人信息提供、数据访问记录、个人信息买卖等相关问题予以调整与规范。[④] 借鉴域外的经验,未来我国专门的算法规制主管部门对算法的规制应当是全方位的,涵盖事前、事中、事后阶段。就事前规制而言,如算法规制机构可建立备案制度,由算法的设计者对算法进行备案,算法规制机构对算法进行编号,确保每一备案算法的唯一性;就事中规制而言,算法规制机构可采用随机抽查的方式,对算法的运行和决策进行行政检查,并有权强制要求不符合法律规范以及伦理道德的算法进行下架;就事后规制而言,则由算法规制机构承担其问责的职能,对侵害公民合法权益、有碍社会公共利益实现的算

① 李婕. 人工智能中的算法与法治公正 [N]. 人民法院报,2018-05-23 (2).
② 胡凌. 数字社会权力的来源:评分、算法与规范的再生产 [J]. 交大法学,2019 (1):21.
③ 戴昕. 数据隐私问题的维度扩展与议题转换:法律经济学视角 [J]. 交大法学,2019 (1):35.
④ 张淑玲. 破解黑箱:智媒时代的算法权力规制与透明实现机制 [J]. 中国出版,2018 (7):53.

法设计、执行人员追究其法律责任。①

就激励作用之实现而言，政府规制是"政府为了维护公共利益，纠正市场失灵，依据法律和法规，以行政、法律和经济等手段限制和规范市场中的特定主体市场活动的行为"。② 除行政、法律等强制性手段的运行之外，经济上的激励作用对于规制目标的实现亦有不可忽视的作用。因此，为推动行业或企业自我规制，促使人工智能研发企业实现公共规制目标，而非实现自身的私人利益，政府还应建立长效的激励机制，如可运用财政杠杆，给予那些自我规制取得良好效果的人工智能研发企业一定的财政激励等。

从既有实践看，政府财政激励主要包括直接性财政激励和间接性财政激励两类，前者如设立专项补贴资金等，后者如税收、贴息等。算法规制中政府财政激励手段之运用，首先应以算法应用的重要性，或者说社会应用可带来的社会效应来决定是否给予财政激励，以及进一步区分财政激励的程度大小。这一点在国外的实践中也得到了印证，如 2018 年英国政府在人工智能算法识别癌症的技术研发方面投入了数百万英镑资金，用于癌症和多种慢性疾病的早期识别③，这便是将有限的财政资源聚焦于那些能够实现公共利益的算法应用上。事实上，我国政府在实践中也不乏以财政激励手段推动人工智能技术研发的实践，如上海市就设立了上海人工智能产业基金、上海市杨浦区人工智能创业投资母基金、深兰人工智能产业投资并购基金，通过发挥基金的集聚效应，促进上海市人工智能产业的发展。④ 政府直接对重要算法技术予以财政支持，无疑能够促进新生的算法技术进一步发展，乃至算法应用的推广。当然，为了借由财政激励手段发挥对企业自我规制的元规制，除以算法应用的社会效用为财政激励手段的依循外，是否给予财政激励以及在多大程度上给予财政激励的确定，还应参考人工智能企业的自我规制效果，由此引导人工智能企业强化自我规制以及追求自我规制的良好效果。

除了以上约束、激励两个方面职能的履行，我国各级政府正在大力推动

① 周游. 我国亟待建立人工智能算法审查机制 [N]. 中国计算机报，2018－5－14 (12).

② 王建. 中国政府规制理论与政策 [M]. 北京：经济科学出版社，2008：4.

③ TechWeb. 英国承诺投入"数百万"英镑研发人工智能识别癌症 [EB/OL]. http://finance. jrj. com. cn/2018/05/21153724568554. shtml（2020.08.19）

④ 李兴彩. 上海发布三只 AI 基金 [EB/OL]. https://baijiahao. baidu. com/s? id＝1611911641104755827&. wfr＝spider&. for＝pc（2020.08.22）.

利用智能政务平台来处理政务。如深圳市就已推出"无人干预自动审批"的新型行政审批方式，即取消了现场报到环节，申请人通过系统提交相关信息，系统自动核查材料完整性并比对信息，如果材料完整、信息无误，系统将自动审批，无须人工审核，^① 其中的"无人干预自动审批"便是智能政务的体现，背后所依赖的便是借由算法而实现智能的智能政务平台。为保证智能政务平台运行的安全，政府还应直接参与到算法的设计和研发中，确保政府智能治理系统中的核心算法掌握在政府的手中，而非完全依赖私营组织的力量，以避免对核心算法的垄断甚至滥用。^②

3. 发挥行业组织的规制作用

为促使企业自我采取技术性规制，来自外部的压力极为重要。对于作为算法控制者的企业而言，构成外部压力的力量一方面来自行业，另一方面来自政府（广义上的政府）。在算法规制中，除了政府采取直接规制的策略，行业组织的规制作用同样值得重视。就算法的行政规制而言，既可以通过消费者权益保护法保障被厂商过度采集的公民信息隐私权，也可以通过侵权责任法让利益受损的用户获得相应的赔偿，对于更加严重的违法行为，还可借由最为严厉的刑罚进行规制。由此，既可以迅速规范算法市场、又可以通过法律的指引作用反作用于目前的算法市场，使其感受到法律的预测效果，从而规范自己的行为。但行政规制也有其固有的弊端，即滞后性——目前人工智能技术的发展日新月异，法律本身固有的滞后性是不可改变的，在这种情况下盲目对算法进行行政规制，极有可能出现"道高一尺魔高一丈"的窘境——既达不到有效规制算法的客观目的，甚至还会减损法律的权威，使得整个行政规制活动沦为一场闹剧。在这种情况下，就需要借助行业组织的自我规制作用，作为行政规制的补充。

行业组织是由行业相同、产品相似的企业联合组成的利益共同体，其对目前行业的生存现状、问题表征、潜在危险和发展前景有着直观的认识，对行业内不同的企业发展水平、技术信息和核心竞争力也具有明确的了解^③，

① 马颜昕. 自动化行政的分级与法律控制变革［J］. 行政法学研究，2019（1）：80.
② 陈鹏. 算法的权力与权力的算法［J］. 探索，2019（4）：188.
③ 王茹. 互联网经济规制的原则与多元规制体系的构建［J］. 行政管理改革，2018（1）：20.

正所谓"春江水暖鸭先知"，行业组织往往最能洞察算法规制所能解决的问题，甚至能对算法规制所针对的问题有着清晰的解决方案。事实上，从域外算法规制的经验来看，行业组织的自律便发挥了重要作用，尤其是在算法技术发展的初期。举例而言，2017 年初，美国计算机协会（ACM）美国公共政策委员会在其发布的《关于算法透明性和可问责性的声明》（Statement on Algorithmic Transparency and Accountability）中明确提出了七项基本原则。具体如下：①公众应了解自动决策的决策程度。②算法决策可以申请调查，错误决策应予以纠正。③责任认定：算法设计者是算法决策的责任认定人。④算法的逻辑架构与运行模式必须予以解释。⑤算法数据来源的可靠性由算法设计者证明。⑥算法的运行决策过程需入档留存，为依法监管提供便利。⑦算法运营机构应对算法做可靠性测试。[1] 这一由行业组织制定的文件有助于形成一个初步的算法行业发展框架，提高行业的忧患意识并积极探索相关的解决方案，对于提升人工智能算法透明化和可问责性意义重大。

当然，行业规制的背后所依赖的并非国家强制力，而是作为软法的行业性规制，其作用的发挥很大程度上来自各企业的自律精神，行业组织可能对算法规制中的一些亟待解决的问题无法作出有效回应，加之行业组织本身也是一个利益共同体，具有维护"私益"的天然特性[2]，其在算法的规制中可能会因行业利益而无法保障规制的客观公正，这就决定了在算法规制中应以行业规制为辅，即行业规制是在行政规制下的规制。

4. 加强市场主体自我规制

前文提到，所谓的元规制是对自我规制的规制，政府规制是作为外在的他律形式而存在的规制方法，最终还应落脚到企业的自我规制上。关于企业规制的定义，学界存在多种观点，但一般认为其是指，通过企业自行设定标准或工作流程、程序（包括惩罚机制）来进行自我约束与监督，而非直接受到政府某种命令的干预。这种标准或工作流程的内容虽然由企业自我设定，

---

① 周游. 我国亟待建立人工智能算法审查机制 [N]. 中国计算机报，2018 - 5 - 14 (12).
② 王湘军，刘莉. 从边缘走向中坚：互联网行业协会参与网络治理论析 [J]. 北京行政学院学报，2019 (1)：65.

但其设立依据往往来自法律的要求，且其执行必须接受政府的严密监管，政府成为一种托底的力量。①尽管企业在规制的结构中通常是作为规制对象而存在，但其在规制目标的实现中亦扮演着不可替代的角色，针对"神秘莫测"的算法而言更是如此。

在算法规制中，之所以应高度重视企业自我规制作用的发挥，原因主要集中在以下几方面：首先，就算法以及其他新兴技术而言，其本身有着极高的专业性，由此使得外在的行政规制往往可能流于形式且易被规避。但企业的自我规制则不同，企业对其内部运作以及产品应用等方面天然有着专业知识和信息上的优势，其针对自我的规制在措施选择上也更有针对性，亦能产生更为有效的规制效果。其次，前面也多次谈到，行政规制具有滞后性，而算法以及其他新兴技术则无时无刻不处于发展变化当中，针对算法技术发展和应用中层出不穷的新问题，行政规制可能应接不暇，但企业的自我规制则较为灵活，能够及时回应技术发展和应用中出现的问题，并通过技术的改进而妥善处理。最后，自我规制的成本较低且主要是由企业自身来承担，而这无疑有助于在实现规制目标的同时，最大程度上避免行政资源的不必要消耗。②

由此，对于算法所产生的透明度缺失、隐私保护以及歧视等问题，我国在规制策略的选择上，除强调行政的直接规制外，还应借由企业自我规制作用的发挥，其中最为重要的是由企业采取技术性策略以实现算法应用负外部性的最小化。具体而言，就算法以及其他新兴技术而言，其应用中产生的很多问题是可借由技术的完善而得到解决的。例如算法设计者就可通过对算法无监督训练的运用，减少对算法输出的人为因素干预，在最大程度上保证算法的中立。当前实践中的大多数人工智能模型皆是经由受监督的算法训练发展而成，机器在学习中仅收集了算法设计者已标注的数据。至于无监督的算法训练，其用来训练算法的是没有任何标注的数据，算法必须自行分类、辨识和汇整数据，其算法在不受算法设计者的监督的情况下开展学习并最终建模。无监督的算法学习比受监督的算法学习，通常在速度上要慢好几个数量

① 王旭.中国新《食品安全法》中的自我规制［J］.中共浙江省委党校学报，2016（1）：115-116.
② 王茹.互联网经济规制的原则与多元规制体系的构建［J］.行政管理改革，2018（1）：25.

级，但无监督的算法学习方式由于限制了人为因素的干预，故在最大程度上可避免那些有意识或者无意识的人为偏见对数据产生影响，进而最终影响到算法决策。①

事实上，就我国的实践而言，当前各大互联网企业亦在采取技术手段完善算法技术，以在最大程度上降低算法可能带来的社会风险。诚然，算法不是魔法，只是运算，存在漏洞和不足是必然的，需要及时修改、完善。今日头条的编辑就曾说过，今日头条从不认为目前的算法是完美的，也从未放弃对算法模型的优化和升级。② 同时，为回应《人民日报》有关今日头条"内容质量低下"的批评，为提高内容质量，今日头条也已经逐步改变过去单纯依赖算法进行的个性化推荐，而是发挥人工编辑修正对机器的干预作用，降低点击率对算法推荐的影响，走出一条算法推荐与人工干预相结合的路子。③

除借助技术和人工干预的手段降低算法应用的社会风险以外，企业的自我规制中还应进一步加强算法伦理以及自我约束性的制度建设，以确保自我规制效果的长效性。从国外实践看，2018 年 6 月 Google 公司曾提出人工智能应用的"道德原则"，具体包括对社会有益、避免制造或强加不公平的偏见、发展和利用 AI 技术时注重隐私，由此试图确保技术的研发在正确的轨道进行。同样，针对人工智能技术扩大贫富差距、武器化、技术滥用等问题，微软公司（Microsoft）亦出台了相应的伦理原则。④ 国外这些市场主体自我规制的范例，对我国企业自我规制主体作用与优势的发挥无疑具有重要借鉴意义。

5. 推动算法规制的国际合作

全球化使得人类构成一个命运共同体。在科技方面，人工智能研发与应用也是超越国界的。这就决定了面对人工智能给人类社会可能带来的安全甚至生存方面的风险，没有哪个国家能独善其身。相应的，有效应对人工智能

---

① Francisco Socal, Imagination Te. 人工智能算法偏见的根源在"人类" [EB/OL]. https://www.eet-china.com/news/201803220600.html. (2019.03.01).
② 陈明. 算法推荐的"歧途"及规制之策 [J]. 视听，2018 (10)：22.
③ 智能相对论. 智能算法：个性化推荐到底是不是今日头条们的原罪 [EB/OL]. https://www.sohu.com/a/195961260_1148199 (2020.04.26).
④ 徐斌. 人权保障视野下的算法规制——从《多伦多宣言》切入 [J]. 人权，2019 (4)：124.

给人类社会可能带来的安全、生存方面的风险，仅依单个国家的法律规制显然是不够的。不仅如此，"当一个问题的监管具有超越国界的外部性时，就像当前人工智能的情况一样，不同的国内监管方法往往可能会引发冲突，从而使受多个国家法律制度管辖问题的监管变得困难重重"，① 难以有效实现规制目标。就此而言，在人工智能的治理问题上，划定国别界限显然是不现实的。只有将人工智能治理放在全球框架内，才能应对科学技术的发展给人类社会带来的挑战，才能确保人工智能更好地服务于全人类。②

算法作为人工智能的重要驱动者，对于算法的规制仅仅依靠单个国家的努力同样是很难实现的，构建全球性的算法规制体系是解决全球算法规制难题的必由之路。以算法所依赖的数据为例，数据的特点之一是流动性，这种流动性很大程度上是跨国界的。③ 倘若数据的规制只在一定地域范围内有效，那就会和公司注册制度、船舶注册制度一样，部分国家或地区会制定相对宽松的规制框架，吸引那些意图规避法律规制风险的企业前来注册，进而成为企业规避法律规制风险的"避风港"。就此而言，知识产权的全球保护模式无疑是一种值得借鉴的有益经验，即在全世界范围内借由《伯尔尼公约》《知识产权协定》等国际条约的签订，建立起统一的知识产权保护最低标准——这些标准包括权利保护对象、权利取得方式、权利内容及限制、权利保护期限等，在此基础上采取"可就高不就低"的原则，即各缔约国必须遵从"最低保护标准"，但是否超出最低标准，各缔约国可自行选择，由此确保知识产权规制的良好效果。

知识产权全球保护的国际经验当然适用于对算法及其依赖的数据的全球规制。在未来对算法的全球规制中，"各国在制定算法规制政策或法律时不应各行其是，而应该从国际监管的层面进行协调，以避免因分散的国内监管方法的不完善和碎片化而产生的风险"。④ 具体而言，各国可就算法应用引发的国家主权安全、道德伦理、数据安全、信息隐私保护等相关问题加强协商与

---

① 曾炜. 人工智能的全球规制 [J]. 检察风云，2019 (16)：26.

② 孙保学. 人工智能的伦理风险及其治理 [J]. 团结，2017 (6)：33.

③ 王志安. 云计算和大数据时代的国家立法管辖权：数据本地化与数据全球化的大对抗？[J]. 交大法学，2019 (1)：6 - 21.

④ 曾炜. 人工智能的全球规制 [J]. 检察风云，2019 (16)：27.

沟通，推动算法规制的国际立法，制定相关的双边、多边条约或者示范性法规，[①] 最终建立起类似于知识产权规制中的全球统一的最低标准的规制框架。

总而言之，算法的规制需要综合立法机关、政府、行业组织、市场主体等多个主体、多种手段的优势，形成共治的算法规制体系。该体系中，立法机关发挥立法引领作用，明确算法规制的具体规则。行政机关除须制定更为细化的算法规制规则外，还须从约束和激励两个层面对行业、企业的自我规制施加外部压力。对于行业组织而言，其应承担自律监管的职责，一方面负责衔接外部规制者与被规制企业的关系，另一方面制定算法的相关行业标准，规范整个算法行业以及相关企业的算法研发和应用，并推定算法披露等制度的落实。[②] 至于企业，则应在算法共同治理体系中发挥主体作用与优势，即进一步加强算法伦理以及自我约束性的制度建设，同时借助技术和人工手段的干预以降低算法应用的社会风险。[③] 在此基础上，推动算法规制的国际合作，建立起类似于知识产权规制中的全球统一的最低标准的规制框架。

---

① 陈鹏. 算法的权力：应用与规制 [J]. 浙江社会科学，2019 (4)：58.

② 黄博文. 算法不完备性及其治理：以互联网金融消费者保护为中心 [J]. 西南金融，2018 (8)：49.

③ 王茹. 互联网经济规制的原则与多元规制体系的构建 [J]. 行政管理改革，2018 (1)：25.

第三章　算法歧视

> 我们无法抛弃技术而去谈时代，因为技术总比其他任何事物都更能代表一个时代的特征。我们活在技术的潮流之中，时代的更迭与技术的发展息息相关。

——布莱恩·阿瑟（W. Brian Arthur）

算法作为大数据和人工智能的核心，本身就是规则。人类要接受人工智能的服务，就必须接受算法设定的各种"硬规则"。作为技术、工具或者程序存在的算法，是包含了价值判断的，算法的偏见、喜好或者歧视，可能来自开发者、设计者，也可能来自使用者，为算法将要实现的任务或者目的而服务。人工智能、大数据时代，算法变得越来越智能，它可以脱离最初的设计者和开发者而自行运转和发展，在这个过程中，最初的价值判断、偏见、喜好都可能被放大或者扩张。因此，可以肯定的是，不存在价值上完全中立的算法。"算法歧视"将如同人类历史上的任何一种歧视一样，伴随人类社会存在的始终。同时需要明确的是，并不是所有的歧视都需要运用法律工具予以规制或矫正，"算法歧视"也一样。因此对"算法歧视"的分类就显得尤其重要。

我们现在正处于初级人工智能阶段，人类仍然是核心，是世界的主宰，是规则的制定者以及人工智能的服务对象。尽管科幻片中对于超级人工智能、高级人工智能时代充满了警惕和恐惧，但是超级人工智能对人类的统治和奴役是否能够实现以及何时能够实现充满了未知。可以预见的是，当人工智能可以脱离自然人设计的算法而创制新的算法之时，规则的制定权不再掌握在人类的手中，那个时候人类的主体地位以及自然社会的走向都将为人类所不能完全控制，用当下的法律模式探讨那个时代的算法规制是徒劳的。因此，正如学者指出的：第一，对于机器人监管问题，现在还为时尚早；第二，技术问题远比律师想象的更复杂，法律、伦理和哲学问题远比工程师想象的更有争议（有时也更复杂）；第三，我们要彻底解决这些问题的唯一办法就是扩大和深化我们跨学科的努力。在世界为机器人做好准备的同时，使机器人也为世界做好准备，这必须是一个团队项目——否则它可能会变得很糟糕。①

一、新时代的新歧视

歧视与人类始终伴随，普遍存在且难以消除。"二战"之后，民权运动、平权运动以及女权运动等的兴起，北美和欧洲在禁止种族歧视和性别歧视领域的立法、判例等在反对政治领域的歧视方面取得了长足的进步，使得反歧视成为了当前一个"政治正确"的命题。除《世界人权宣言》中明确列举的种族、民族、性别、宗教信仰等理由之外，年龄、性取向、相貌、身高、户籍、财产、社会身份等都成为歧视的原因。今天，技术带来的社会变革和飞速发展使得歧视的表征和原因更加隐蔽化和多样化，大数据、算法以及人工智能正在改变社会科学的研究方式和规制范畴，"算法歧视"的认定和大数据时代的平等权保护，作为大数据和算法伦理的重要组成部分，值得更多的关注和研究。

（一）大数据时代的算法本质

大数据不仅指的是海量数据，也包括收集数据的工具、管理数据的平台以及分析数据的系统。除了有描述性和解释性方面的功能，大数据的核心功能是预测。通过特定的数据分析方法对海量数据进行针对性分析，可以揭示数据中隐藏的不为人轻易察觉的规律，并且能够一定程度把握事件的未来发展趋势。② 因此，大数据的本质是人类本身以及人类行为信息化后，借由载体（主要是计算机和互联网）技术的进步，通过算法对未来趋势进行判断以及推测，由已知推断未知。而算法问题在大数据时代凸显，原因在于数据的泛滥与价值增加了客观世界的不确定性，作为数据管理和使用方法的算法试图从混沌的数据世界中挖掘有意义的信息，重塑社会秩序，这也是大数据技术的核心。恰如布莱恩·阿瑟所言："技术的本质，其另一种表述就是对现象

---

① 瑞恩·卡洛，迈克尔·弗兰金，伊恩·克尔编．人工智能与法律的对话 [M]．陈吉栋，董惠敏，杭颖颖，译．上海：上海人民出版社，2018：5.

② 陈菲．大数据时代背景下的国家安全治理 [J]．社会科学文摘，2016（7）：23 - 25.

集合的有目的的编程。"①

从技术本身而言，算法就是一组完成任务的指令。任何代码片段都可被视为算法。每种学习算法都具有三个组成部分：表示方法、评估、优化。② 学习算法的表示方法限制了它能学习的内容。大数据时代的算法可以简单概括出以下几个特征：

第一，算法的任务是已知的，或者说提前设定的，预先设置好任务，算法是实现任务的路径或方式；

第二，算法具有明确的目的，其存在的价值在于实现任务；

第三，算法具备自我学习能力。

由此可以认为，算法在本质上首先是一种技术，其次是一种程序。算法开始之时，数据已经产生，判断结果尚未出现，而算法运作的过程，便是对数据的选择、加工、评估，并由此作出决策。

（二）技术伦理与算法价值属性

大数据本身还是一个充满争议的概念，但是与大数据相关的社会、科技以及商业等却已被重构。"算法歧视"的争论中始终伴随着算法中立的观点，而算法中立的判断来自技术中立的既有观点，即将算法仅仅看作一种工具或者技术，是为实现特定目的而服务的。但问题的关键在于，技术或者工具本身是否中立也是有争议的，且争论由来已久，这也正是技术伦理学关注的重点。

1. 技术伦理视野下的技术中立

美国科技哲学家安德鲁·芬伯格（Andrew Feenberg）认为，技术工具理论暗含以下四种论断：①技术的中立性仅仅是一种工具手段的中立性的特殊情况，技术只是偶然地与它们所服务的实质价值相关联；②技术似乎也与政治没有关系，至少在现代世界中是这样，特别是与资本主义社会或社会主义社会没有关系；③技术的社会政治的中立性通常归因于它的"理性"特征，

① 布莱恩·阿瑟. 技术的本质 [M]. 曹东溟，王健，译. 浙江人民出版社，2014.
② 佩德罗·多明戈斯. 终极算法：机器学习和人工智能如何重塑世界 [M]. 黄芳萍，译. 北京：中信出版集团，2017：361.

即技术所体现的真理的普遍性；④因为技术在任何一种情境中都能在本质上保持同样的效率标准，所以技术是中性的。① 而赫伯特·马尔库塞（Herbert Marcuse）认为"价值中立仅仅是一种带有偏见的方式，它表达的是技术与伦理和审美的分裂"。②

随后对技术中立的细化探讨则提出，技术中立的含义至少包括三种：功能中立、责任中立和价值中立。功能中立指的是技术在发挥其功能和作用的过程中遵循了自身的功能机制和原理，那么技术就实现了其使命。责任中立突出了技术的另外一个维度，即技术功能与实践后果的分离。简言之，技术的责任中立的含义是，技术使用者和实施者不能对技术作用于社会的负面效果承担责任，只要他们对此没有主观上的故意。比较典型的例子是针对快播案而引发的"菜刀理论"之争。菜刀既可以切菜，也可以杀人，但菜刀的生产者不能对有人用菜刀杀人的后果承担责任。而功能中立和责任中立最终都无法回避隐藏其中的价值判断。因此，郑玉双教授提出，我们应当从技术价值中立所体现的三个维度来理解技术作用于社会结构和社会生活的方式以及技术中立这个概念的完整内涵：价值判断、归责原理和法律意义。③ 因此，并不存在技术中立或者不中立的"放之四海而皆准"的判断，即使同样的技术在不同的场景下，承担不同的功能，面临的法律评价的结果也可能是完全不一样的。

正如迈克尔·桑德尔（Michael J. Sandel）所言："要掌握基因改良的道德标准，我们就必须面对在现代世界的见解中已大量遗失的问题——有关自然的道德地位，以及人类面对当今世界的正确立场等问题。"④ 对于技术以及技术与法律关系的最终追问，都将是价值和伦理的命题，而大数据时代的算法属性，也无法回避价值和伦理的拷问。

2. 算法是中性的吗？

实际上，对所有技术的道德或者伦理的评判都包括两个方面：一是技术

---

① 安德鲁·芬伯格. 技术批判理论［M］. 韩连庆，曹观法，译. 北京：北京大学出版社，2005：4.

② 冯佳佳. 马尔库塞对科学技术的批判及反思［J］. 经济研究导刊，2016（16）：183-184.

③ 郑玉双. 破解技术中立难题：法律与科技关系的法理学再思［J］. 华东政法大学学报，2018（1）：85.

④ 迈克尔·桑德尔. 反对完美：科技与人性的正义之战［M］. 黄慧慧，译. 北京：中信出版社，2014：10.

本身的道德评价问题，二是技术的研发和应用导致的后果的评价问题。对算法的评价亦无外乎这两个方面：一是算法本身是否中性，二是算法的编写和运行导致的后果是否中性。这实际上涉及到如何看待算法本身的问题。正如前文对算法的界定，即使将算法看作一种技术或者工具，其存在的首要目的也是实现任务，而目的的存在决定了其必然已经将价值内嵌其中。智能算法本质上是"以数学形式或计算机代码表达的意见"，智能算法的设计目的、数据运用、结果表征等都是开发者、设计者、使用者的主观价值选择，他们可能会把自己持有的偏见嵌入智能算法之中。而智能算法又可能会把这种歧视倾向进一步放大或者固化，从而造成"自我实现的歧视性反馈循环"。正如乔治·奥威尔在其小说《1984》中所指出的，"谁掌握过去，谁就掌握未来；谁掌握现在，谁就掌握过去"。智能算法决策本质上就是用过去预测未来，而过去的歧视和偏见可能会在智能算法中固化并在未来得以强化。[①] 更加确切地说，智能算法预测的不是未来，而是当下。

因此，从这个角度上来讲，作为技术、工具或者程序存在的算法，本身即内含了价值判断，最初的价值判断来自开发者、设计者或者使用者，服务于算法将要实现的任务或者目的，算法在价值上是否中立，既取决于算法的开发设计者及使用者的价值追求，也取决于它拟实现的任务，还可能取决于它导致的结果，这不是一个是或否的简单判断。

（三）算法歧视的主要事例

如同当前对于大数据、算法甚至歧视本身都欠缺清晰的界定一般，对于算法歧视目前也没有明确的概括。经济学、社会学、历史学、政治学、法学等多个学科对歧视这一最为复杂的人类现象都多有关注。在经济学的视角中，歧视被抽掉了道德的因素，只保留了中性的基本性质。歧视是在经济人属性之下作出的满足自身利益最大化的选择，而这种选择本身并无贬义或褒义的区别。经济学角度界定的歧视与算法本身很接近，即根据目的作出的最有利的选择——而好的算法在于追求更快、更方便或者更有趣。[②] 但在社会学意

---

① 苏令银. 透视人工智能背后的"算法歧视"［N］. 中国社会科学报，2017 - 10 - 10.

② Aditya Bhargava. 算法图解［M］. 袁国忠，译. 北京：人民邮电出版社，2017：184 - 1.

义和法学意义上，歧视则作为贬义出现。[①] 法学的研究集中在平等权范畴，将反歧视作为实现平等权的路径。

2015 年 7 月，谷歌图片软件曾错将黑人的照片标记为"大猩猩"；[②] 2016 年 3 月，微软公司的人工智能聊天机器人 Tay 上线后被"教"成了一个集反犹太人、性别歧视、种族歧视等于一身的"不良少女"。[③] 随着大数据和人工智能时代的脚步不断加速，大数据和算法开始在涉及信用评估、犯罪风险评估、雇佣评估等重大事项中，替人类做出决策，对贷款额度、刑法选择、就业、社会福利等领域产生日益重大的影响，而算法歧视或者被归类为算法歧视以及可能导致算法歧视的案例也越来越多。我们选择以下四个案例进行分析：

1. 大数据杀熟——价格歧视

经济学上的价格歧视指的是同类物品因人定价、因地定价、因量定价。[④] 因量定价指的是因为购买数量的差异而设置不同的价格，例如批发价格和零售价格的差别。因地定价指的是国内常见的旅游景点、机场或者火车站等地方，同样的商品价格比外面的要贵一倍甚至几倍，高级商场里的价格比批发市场要高等。因地定价通常被认为是基于人们在不同场所的价格敏感度差异，以及特定场所的垄断行为。而因人定价指的是同样的商家面对不同的消费者，对同样的商品给出不同的售价。在菜市场，小摊贩仅仅是根据购买者的高矮胖瘦则对同样的猪肉或者蔬菜给出不同定价的行为是非常少见的，但是在大数据时代，算法将个体的消费习惯、购买记录等进行分析后，针对不同个体给出不同报价却变得普遍而且容易。

问题在于是否所有的价格歧视，或者说所有的歧视都有干预和法律介入的必要。在上述价格歧视的案例中，恰恰是更加接近了传统零售业的原本样态，以服装零售业为例，售货员正是根据不同客人对同一件服装的购买意愿、购买能力以及购买次数等的差异来给出不同的报价，因此，不同的人购买同

---

① 戴维·波普诺在《社会学》中将歧视定义为："由于某些人是某一群体或类属的成员而对他们施以不公平或不平等待遇。"其着眼点落脚于不公正性。

② 腾讯网. 谷歌照片应用误把黑人标记成"大猩猩"[EB/OL]. https://tech.qq.com/a/20150703/004879.htm (2015.07.03).

③ 环球网. 微软聊天机器人上线 1 天被教成不良少女 满嘴脏话 [EB/OL]. https://world.huanqiu.com/article/9CaKrnJUOfo (2016.03.25).

④ 周业安. 大数据时代的价格歧视 [N]. 中国经营报, 2018 - 05 - 14 (D02).

一件商品的价格确实是不一样的。这里确实存在区别对待，但是却不能将其界定为贬义的，或者说需要法律层面去干预的歧视。在不存在垄断和欺诈的前提下，买和卖是基于自愿达成的口头协议，也就是民间所谓"买得到，卖得着，是买卖"，无论是价格敏感度因人而异也好，还是"一个愿打一个愿挨"也好，价格的多样性也是市场多样性的表征之一。而大数据时代算法的广泛使用，带来精准化销售的同时，背后仍然是商家盈利的需求，而对于消费者而言，购买渠道的拓宽以及对物美价廉的需求也同时促进了比价软件等的开发和运用，这本身应该是自由市场里面的正常现象。

由此得出，在价格领域的算法歧视真正应该关注的问题，是由算法而导致的垄断规制模式的法律变革。在算法导致的垄断性价格或者叫歧视性价格的问题上，主体责任以及主观要件的认定对既有法律体系提出了同样的挑战。当然这不仅仅是垄断的法律判断问题，更是一个伦理问题，就是商家利用大数据和算法在几乎完全掌握消费者需求的前提下，剥夺消费者的主动权，攫取尽可能多的消费者剩余价值的行为是否正当，或者是否应当存在必要的界限和限制。

2. 相似的案件，不同的判决——美国两个教育平权案件中的算法与歧视①

（1）案例与判决。2003 年，美国联邦最高法院审理了两个著名的教育平权案件，Grutter v. Bollinger 案和 Gratz v. Bollinger 案。Grutter 是一位白人，他起诉密歇根法学院，认为其招生政策违反宪法第十四修正案的平等保护以及 1964 年民权法案中不得基于种族进行歧视的规定。因为在密歇根法学院的招生政策中除了考虑本科成绩、LSAT 成绩、推荐信、社会活动等表现，该政策还主张"应当录取（相当数量）的少数族裔学生"从而实现法学院生源"多样性的目的"。原告认为"这种政策使得某些少数族裔（比其他不太受待见的群体）具有明显高得多的录取机会"，因而显然违反了平等保护和种族中立的原则。

Gratz 案则涉及到密歇根大学本科招生政策是否违反宪法第十四修正案的平等保护。根据密歇根大学的本科招生政策，大学申请者可以因为某些原因

---

① 详见丁晓东. 算法与歧视：从美国教育平权案看算法伦理与法律解释 [J]. 中外法学，2017 (6)：1609 - 1623.

而获得加分。例如可以因为是密歇根居民而加 10 分，因为是校友子女加 4 分，而如果申请者恰好属于黑人等某些族裔的话则可以加 20 分。一般来说，分数将决定申请者的命运，学校将根据申请者的分数而将申请者归类为被直接录取、延迟录取还是直接拒绝。但同时，录取审查委员会仍然有权将一些具有鲜明特征的个人挑选出来，并且进行不考虑分数的综合比较。原告认为密歇根大学给某些族裔统一加分的政策违反了宪法第十四修正案对于平等保护的要求。

美国联邦最高法院对两个案件作出了不同的判决，在 Grutter 案中，奥康纳（Sandra Day O'connor）大法官撰写的多数意见认为，法学院的招生政策是从高度个人主义和综合性考虑的，法学院并没有要求以"配额"的方式每年招收固定"比例"的少数族裔的学生，对于种族因素的考虑只是以一种附加因素的方式起作用。它要求保证每年能够招收"相当数量"的少数族裔学生，只是希望某些族裔的学生不会感到孤立，并不意味着一定要实现一定的数量或百分比。从历届招生的情况来看，非裔、拉丁裔和印第安裔美国学生的比例一直在浮动，并不固定。法院因此认为，法学院的招生政策是根据个人来进行综合考虑的，种族并没有成为一个决定性的因素。因此，并没有违反宪法第十四修正案的平等保护。而在 Gratz 案中，法院的多数意见认为，给某些少数族裔加分是一种非个人主义的做法，在 20 分的加分政策下，种族已经成为录取中的一个"决定性因素"。奥康纳的意见也指出"通过自动加分而进行排名的录取政策是一种排除个体化评估申请者的多样性贡献的做法"，和 Grutter 案中更为个人主义和综合性考虑的做法截然不同。

（2）算法的运用。丁晓东教授在论文的分析中指出，联邦最高法院的法官将个人主义作为最关键的衡量因素，看上去更少受到种族因素的影响，但实际上这个算法本身是存在问题的，也就是说"对于算法的认识存在基础性错误"。因此"从算法的角度来说，我们无法证明个人主义的招生政策或录取算法就更少地考虑种族因素。种族因素在招生政策中究竟起到多大作用，取决于学校在招生过程中的权衡。例如赋予附加因素的权重或加分的额度，而不取决于某种招生政策是否采取了个人主义的进路"。在论文的下一部分，丁晓东教授提出是否存在价值中立的算法的问题，并将白人、亚裔族群纳入考虑的范畴，从平权运动的整个发展历程来看，在大学招生和录取的过程中，对一方的政策倾斜，必然意味着对其他族群的不平等，而在此过程中，不可能存在一种绝对中立的算法。论文的最后一部分在更广阔的背景下，分析了平权运动与其说是宪法问题，不如说是文化的和经济的问题，因此试图从宪法和法律的层面去解决种族问题本身就是一个值得反思的问题。而联邦最高法院虽然在算法问题上存在认知的错误，但是其运用法律解释去解决这个悖论性问题的高超技艺，却为平权保护作出了最好或者最不坏的解释。①

在该案中，实际上提出了两个问题：

第一，从算法的本质上来看，任何决策都是算法运用的过程，只是大数据和人工智能使得算法更加复杂、难以理解。

第二，与其说在上述案件中涉及到的是算法是否中立的伦理问题，不如说是算法是否能够处理价值判断和价值选择的问题。在需要价值取舍以及存在复杂的利益衡量的案件或决策过程中，法律解释的运用以及大法官们凭借丰富的阅历、高超的技巧和经验而进行的平衡比作为算法的技术更靠谱。这也提示决策者应当为算法、自动化决策等适用的场景确定边界。

3. 犯罪预测以及量刑考量

美国警务人员将多年的犯罪数据和交通事故数据整合到一起后发现，交通事故的高发地带正是犯罪活动的高发地带，甚至两者的高发时间段也高度吻合。这一发现使原本分管交通和打击犯罪的两个不同部门建立起了联系并开展联合治理，效果显著。在法院定罪量刑的过程中，如大数据分析结果显示该个体具有更强烈的二次犯罪倾向，则能够明显加重对该个体的量刑。另外，在大数据预测犯罪趋势的情况下，执法机构优先部署警力并对犯罪概率较高的社会主体进行监控，甚至进行"钓鱼执法"，这种结果预判延续了天生犯罪人的思潮，不仅构成对个体的偏见和歧视，更对个体自由生活的基本权益构成严重侵害，"颠覆了个体承担法律责任之基础的自由意志假定，挑战法律根据个体行为判定相应法律后果这一基本前提"。② 此外，结果预判会导致

① 参见丁晓东. 算法与歧视：从美国教育平权案看算法伦理与法律解释 [J]，中外法学，2017 (6)：1609 - 1623.

② 郭建锦，郭建平. 大数据背景下的国家治理能力建设研究 [J]. 中国行政管理，2015 (6)：73 - 76.

弱势偏见和不公平待遇，剥夺被预判对象寻求新的生存与发展机会这一基本权益。① 为避免大数据对审判的影响，法官会提醒陪审团成员关闭所有个人脸书、Instagram（图片分享 App）等，以免对方律师从中推断其喜好。但实际上，随着大数据和算法在智慧司法、智慧政府、智慧城市等的建设中扮演的角色日益重要，试图通过将个体的人与时代趋势隔绝的方式来避免算法带来的歧视和偏见，注定是一件"看上去很美"的事情。算法放大的是人类心中固有的偏见和歧视，人类在此前的进化过程中未能将其消除，也就不能要求算法和人工智能完全杜绝。因此，对算法歧视的认知和规制，更多的是伦理和制度层面的问题。

4. 算法自动推送导致的性别和就业歧视

大数据商业价值的实现，大多是以计算广告为载体的。据 2015 年 7 月的《纽约时报》报道，卡内基梅隆大学的一个研究显示，谷歌的广告系统已经学会了性别歧视。为了更好地理解谷歌算法的歧视本质，卡内基梅隆大学研究人员利用 ADFisher（一种广告钓鱼软件），模拟普通用户去浏览求职网站。随后，在诸如《卫报》、路透社等新闻网站上，统计由谷歌推送的"年薪 20 万美元的以上职位"的广告数据。结果显示，男性用户组收到 1852 次推送，女性用户组仅仅收到 318 次——女性得到"高薪"推荐的机会，仅为男性的 1/6。此外，哈佛大学的研究也再次确认，在"被逮捕记录"的查询中，大数据算法也会更有倾向性地找上黑人。②

对于算法自动推送过程中的性别和就业歧视等问题，需要对算法的开发、设计和使用过程进行更为细致的区分，才能够明确是开发者和设计者故意将偏见嵌入算法，还是根据客户需求拟寻找的符合该职位条件的男性和女性的比例，与算法的实际推送结果基本是一致的，也就是说，在当下的职场环境中，高薪男性和女性的比例原本就是差异明显的，算法自动推送的结果不过是再次印证而不是导致了这个事实，对于认定算法歧视是否存在以及相应的规制，都是必要的。

---

① 郭建锦，郭建平. 大数据背景下的国家治理能力建设研究［J］. 中国行政管理，2015（6）：75.
② 苏令银. 透视人工智能背后的"算法歧视"［N］. 中国社会科学报，2017.10 - 10.

二、算法歧视的分类与要件

"如果说当代公法有一个反复出现的主题，那么，这一主题就是平等，包括种族之间的平等、公民之间的平等、公民和侨民之间的平等、富翁和穷人之间的平等、原告和被告之间的平等。……在公法方面，重要的主题正开始超越宪法平等保护条款所确立的在法律形式上的平等。以传统的消极术语的法律平等的概念，被视为不适于处理由事实上的不平等所提出的问题。"①

（一）歧视的界定与分类

根据《布莱克法律词典》（第八版）的解释，"歧视"一词至少应当在三种意义上使用：（1）歧视是指在法律的实施或者稳固的社会实践中，基于种族（民族）、年龄、性别、国籍、宗教信仰、残疾等因素授予或拒绝授予某一特定的阶层以特别优待；（2）不合理的区别对待；（3）在州法的实施过程中，相较于其他州的利益，过分偏袒本州的地方性利益。② 无论是《布莱克法律词典》还是西方的立法和司法实践，与我国的反歧视立法和司法实践都有比较大的差别。同时，在对偏见和歧视的比较过程中，凸显出歧视的一个重要特征，即由优势方向劣势方做出，而偏见则不具有固定的指向性，既可以是强势方针对弱势方，也可以相反。

在反歧视法理论上，歧视可以分为直接歧视、间接歧视、制度性歧视和骚扰四种类型③：

第一，直接歧视。直接歧视是指在本质相同或相似的情况下，由于特定群体或个人的权利因法律禁止的区别事由而受到或者可能受到比他人不利或优惠的对待。直接歧视在主观上是故意的，在形式上是可以识别的，即"属于禁止歧视类别的个人与不属于禁止歧视类别的个人相比，受到更为不利的待遇"。

---

① 伯纳德·施瓦茨. 美国法律史 [M]. 王军，译. 北京：法律出版社，2007：248 - 249.

② Bryan A. Garner, Black's Law Dictionary (Eighth Edition) [J]. Thomson West Publishers, 2009：1407 - 1408. 转引自周隆基. 制度性歧视的法律规制研究 [D]. 吉林：吉林大学，2014：18.

③ 周伟. 论禁止歧视 [J]. 现代法学，2006 (5)：70.

第二，间接歧视。间接歧视是指在形式上无差别规定，但在事实上与实现合法目的不相关、不必要、不合理，其适用的效果是把被法律保护的特征群体处于与他人相比不利或特惠的地位而构成的歧视。法律所禁止的间接歧视是所有以掩饰形式，通过适用不同的准则，在事实上产生同样结果的歧视，同样构成间接歧视。

第三，制度性歧视（systemic discrimination）。制度性歧视又称为体系歧视或系统歧视，是指由于历史原因而非故意实施造成的通过广泛的中性政策、习惯和待遇固定形成的特定群体遭受普遍的、有规律的社会不利状况。相对其他类型的歧视，制度性歧视是固化的、制度性的、显而易见又不易觉察，渗透在社会的方方面面，因针对群体广泛而不具体，因历史和传统而具备文化和心理要素，不易被察觉，且难以判断歧视主体以及歧视主体的故意。桑斯坦认为：歧视问题本质上是同等级制度息息相关的，平等原则本质上是对等级原则的反抗。他将等级原则定义为一个极其明显的且与个人道德无关的差别，通过社会惯例或法律转化为社会劣势。从这一逻辑起点推导，反抗等级原则禁止社会或法律机构将个人极其明显地转化为制度性的社会劣势，而该差异与个人道德无关。①

第四，骚扰。骚扰是指任何其目的或效果在于侵犯人的尊严，造成胁迫的、不友好的、不体面的、敌对的环境或不受欢迎的行为。骚扰最常见的形式是性骚扰，美国平等委员会关于性骚扰认定的条件与就业或个人工作相联系，作为就业、工作等的胁迫行为而存在。②

我国反歧视的立法体系建构在 20 世纪 90 年代已经完成，以宪法为指引，《中华人民共和国妇女权益保障法》《中华人民共和国残疾人保障法》《中华人民共和国监狱法》《中华人民共和国传染病防治法》《中华人民共和国未成年人保护法》侧重于保障女性、残疾人、刑满释放人员、传染病病原携带者以及未成年人等平等权易损人群；《中华人民共和国劳动法》《中华人民共

---

① 王曼倩. 论禁止歧视的正当性 [D]. 中共中央党校学报，2014：19.
② 美国平等委员会将性骚扰定义为：有害的性建议、要求性愉悦及其他具有性性质的语言的和身体的行为，在下列情况下构成性骚扰：其一，提出该行为明确地或暗示作为个人就业的条件；其二，个人对该行为的拒绝成为雇主就业决策的基础，对该个人的就业产生了影响；其三，该行为的目的或效果在于不合理地干扰个人的工作或造成胁迫、不友好的、敌对的工作环境。详见周伟. 论禁止歧视 [J]. 现代法学，2006（5）.

和国就业促进法》《中华人民共和国行政许可法》等主要覆盖劳动就业、行政许可等平等权侵权行为的易发领域；《中华人民共和国继承法》《中华人民共和国婚姻法》《中华人民共和国义务教育法》等则将保护对象与规制领域交错起来，强调特定领域中特定对象享有平等权利。[①] 但是从平等权向"不受歧视"转型，以及与宪法司法化同步的反歧视诉讼一波三折，这其中固然有法院基于司法谦抑的回避以及在整体法律进程中的退让，学者、司法与公民的各说各话等各种复杂的因素，但不可否认的是，恰恰反歧视诉讼"是平等权得以最终走向司法实践的催化剂。相较于宪法平等试图从根本法的高度全域解决平等问题，不受歧视则将关注的焦点集中在重点领域中的重点人群"。[②]

（二）我国当前的反歧视法律实践

目前我国法院裁判或仲裁机构仲裁的反歧视案件的歧视事由类型包括身高、乙肝、艾滋病、性别、残疾、基因、年龄、长相、健康、社会出身、地域等11种，大体相当于美国等西方发达国家数量。从法律上来看，歧视的效果或目的在于对特定群体或个人的基本权利进行区别、排斥、限制或优待，并不要求主观上具备故意或过失。同时，歧视认定的过程中，首先肯定差别的存在，这是前提条件；其次要求差别的基础是不合理的，差别对待的理由是法律所禁止的；最后要求区别对待所采取的措施和拟实现的目的之间不具备相关性和必要性。

李成教授在对116件反歧视诉讼裁判文书的分析与总结中指出，当前我国反歧视案件的特点和审查要素包括：

（1）由于平等权或歧视并非现阶段最高人民法院认可的立案事由，反歧视案件在司法实践中通常以劳动合同、财产权、隐私权、一般人格权纠纷等名目出现，上述116件案件集中在三大领域：农村集体经济组织财产分配过程中对女性、外来户籍村民的歧视；就业过程中对女性、疾病、身高、学历、年龄等的歧视；公共服务领域对国籍、财产、种族、民族、户籍等的歧视。

（2）总结和分析法院审查反歧视案件的四个要素如下：

---

① 李成．平等权的司法保护：基于116件反歧视诉讼裁判文书的评析与总结 [J]．华东政法学院学报，2013（4）：58.

② 李成．平等权的司法保护：基于116件反歧视诉讼裁判文书的评析与总结 [J]．华东政法学院学报，2013（4）：60.

第一，行为要素，必须存在能被法院认定的区别行为："争讼行为构成区别对待，取决于该行为是否有特定的指向对象，亦即行为会否触发归类效果，将原本无序混杂的人群按照某一标准重新分割排列。行为不能引发归类的，不能以歧视论处。"

第二，事由要素，考虑到社会生活中区别对待无处不在，可资使用的归类事由亦不可胜数，为了避免泛化"歧视"以致过度干涉行政机关或者企事业单位的自主权利，法院通常会秉持"事由法定"的基本准则，即以归类事由是否为法律明文禁止作为裁断区别对待行为是否构成歧视的基准。"事由法定"在司法实践中延伸出两个标准：一是归类事由的适用领域是否受到法律保护；二是受保护领域内适用的归类事由是否为法律所禁止。

第三，后果要素，实际上是不利后果，从既有判决的分析来看，法院对待不利后果的认定相对宽松，财产损失和精神损失都能够得到支持。因区别对待行为导致的不利后果，要求损害实际发生，由于歧视导致的是不同群体间的差异化处境，因而不利后果也是相对性的，如果是无差别的损害，则不构成歧视。

第四，因果关系，即区别对待与不利后果之间的因果关系是歧视认定的关键。在因果关系认定的事后，关联强度、歧视的主观意识等都至关重要。同时，法院对行政事务的谦抑、对公共利益的考量、对意思自治的尊重以及对真实职业资格的豁免等都会构成反歧视认定的阻却。[1]

(三) 制度性歧视

1. 制度性歧视的概念与类别

"制度性歧视"一词最早出现于 20 世纪 80 年代的加拿大，后来逐渐被学术界所关注。制度性歧视在我国有特殊的内涵，主要指向户籍制度、社会保障制度、选举制度、招生制度等领域，即"由于国家正式规则的认可或者公权力主体的推行，使一定社会群体持续遭受普遍的、规范化的不合理对待"。[2] 但是，综观歧视以及反歧视的概念在西方的界定，往往都指向公法歧

---

[1] 李成. 平等权的司法保护：基于 116 件反歧视诉讼裁判文书的评析与总结 [J]. 华东政法学院学报，2013 (4)：65-68.

[2] 周隆基. 制度性歧视的法律规制研究 [D]. 吉林：吉林大学，2014：17.

视，特别是公权力主体以正式规则认可和推行的歧视，或者说是以立法歧视为代表的制度性歧视。[①] 而这与我国的制度性歧视恰恰是一致的。制度性歧视发生的主要领域包括：[②]

第一，对公民权利的制度性歧视。代表性事例为湖北、河南、江西、山东等地推行的低保信息永久公示制度。为了解决在低保领域频发的"关系保""人情保"等骗保问题，将低保对象姓名、致贫原因、保障人口、家庭收入、保障类别、保障标准等信息在内的低保对象及其家庭成员的基本信息进行无期限的公示，便于社会公众和政府进行监督。不仅侵犯了公民隐私权，而且无法保证低保对象的信息不被识别，使其将来在就业、教育、医疗等领域被歧视对待。

第二，对政治权利的制度性歧视。宪法学者前些年已经有大量的研究，从宪法和选举法对于农民代表数量与农民人口比例的规定以及农民代表在全体代表中的比例的规定出发，研究在选举领域存在的对农民的制度性歧视[③]。

第三，社会权利的制度性歧视。以高考招生制度中的受教育权制度性歧视为例，高考招生制度中涉及的冲突和争议最多的两项制度分别是部属高校招生名额分配的地区差异以及高考加分制度。部属高校的招生指标有地方化倾向，以及三类高考加分——补偿性加分、鼓励性加分和特殊加分都存在典型的制度性歧视。

2. 算法歧视与制度性歧视

制度性歧视与行为性歧视的重要区别就在于法律评价的不同。行为性歧

---

① 例如，桑斯坦指出："个体的所有有关平等保护条款项下的宪法主张，都必须是对基于某一群体所共享特征而受到的待遇所提出的诉求。从经验层面上来看，所有有关平等行动的案件，都源自个人针对政府运用群体特征作出的法律分类、提出宪法上的歧视的控诉。也正是在此意义上，宪法上关于歧视和平等保护的主张，即便由个人提出，也始终是群体本位的，也即，个人只有在被当作某一群体的成员，被可疑地对待时，方可提出反歧视的诉求。"英国宪法学家马歇尔也认为："立法所许可的一些歧视行为，其正当性依赖于这样一种含蓄的原理，那就是，在'私'或私家情境中，应该保障个人进行区别对待或自由选择的权利。其他情况下的歧视行为则不被允许。"参见周隆基. 制度性歧视的法律规制研究 [D]. 吉林：吉林大学，2014：18.

② 周隆基. 制度性歧视的法律规制研究 [D]. 吉林：吉林大学，2014：50-54.

③ 《中华人民共和国选举法》第 6 条规定："全国人民代表大会和地方各级人民代表大会的代表应当具有广泛的代表性，应当有适当数量的基层代表，特别是工人、农民和知识分子代表"，实际上是规定了我国采用的是职业代表制的代表名额分配方式。

视是被法律给予否定评价的歧视。因此，公民一旦遭受行为性歧视，无论是寻求私力救济，还是寻求公力救济，都不涉及立法者的法律责任。但是，如果歧视就是由规则设置或认可的，则除非改变规则，否则当前的规制路径和救济途径很难起作用，应当对规则本身进行规制。

大数据将人类信息化，算法在此基础上对信息进行取舍、整合、预判，推断出人的喜好，并做出相应的决策，包括但不限于推送信息、销售、判断风险、是否进行处罚以及是否雇佣等方面，一方面易产生歧视，另一方面否定了人性易变以及向好的可能。因此，算法歧视易发生的领域，目前来看与传统领域相比并没有根本性的差异，集中在以下几类：

第一，政治领域的歧视。政治领域的歧视体现在对选举权和被选举权、参与和管理国家事务的权利等政治权利进行不合理的限制。

第二，经济领域的歧视。经济领域的歧视主要表现为就业歧视和消费歧视，就业歧视是世界范围内广泛存在也是备受关注的歧视现象，体现为在招聘工人以及在工作待遇、解雇方面的歧视。

第三，教育领域的歧视。教育领域的歧视主要体现在教育资源分配的不平等以及个人受教育机会的不平等，教育资源在不同人群、不同地区之间分配不平等，学生在受教育机会上，因为自己的性别、种族等原因而受到歧视。

第四，体育领域的歧视。体育领域的歧视则是指在体育参与权、体育公共服务和体育就业等方面存在的歧视。

第五，社会保障领域的歧视。主要以基因歧视为代表的生物识别类信息而产生的歧视，基因技术最早多适用于保险领域，因而基因歧视多发生在就业和保险行业。2014年，中国批准了"无创产前检查和辅助诊断的基因测序技术"的临床应用，这也意味着基因检测正式入驻临床医疗中，服务于广大患者。2016年，国务院将"精准医疗"纳入"十三五"科技计划，这意味着中国将进入以"基因检测技术"为基础的精准医疗时代。这些技术上的发展与政策支持使基因信息除了在保险、就业领域，在刑事侦查、收养、房屋贷款、移民等领域也开始了实际应用，也使得基因歧视问题更加普遍化。①

---

① 宋凌巧，Yann Joly. 重新审视"基因歧视"：关于伦理、法律、社会问题的思考［J］. 科技与法律，2018（4）.

如果说，在歧视的主体和歧视的领域方面，大数据时代的算法歧视并未表现出与传统歧视实质性的差别，但是制度性歧视在大数据时代却因算法而尤其突出。结合算法和歧视的内涵，算法歧视实际上是因算法而导致的区别、排斥、优惠、限制。需要说明的是：

第一，大数据背景下，数据贫民和数据富人的区分，事实上已经从数据层面上对人进行了分类，算法针对的是数据，对于无法控制数据、无法理解算法的大多数人而言，事实上已经处于先天弱势地位。大数据、算法、互联网相对于传统的规则体系，提供了一套冯象先生所谓的"硬规则"，这套由算法制定的"硬规则"，其制定和实施一般是企业行为，无须经过政治程序酝酿论辩、表达民意，也不靠公众、用户的内心约束或法治意识。例如，如果手机没有下载打车软件，就被排除在了网络打车出行的"硬规则"之外。① 因此，算法歧视更应该警惕的是制度性歧视，在公共决策的领域要充分考虑到那些被时代日益抛之在后的群体，考虑到那些面对复杂的算法而无能为力的群体，考虑到人类在人工智能时代如何存在。算法规制也不仅仅是技术层面的规制和审查，在算法歧视领域的规制更多涉及的是价值考量、伦理反思以及法律制度在冲击与回应过程中的自我突破和完善。

第二，算法歧视的主体以及反歧视的对象主要是政府、大企业等掌握数据和算法的组织、机构、企业等。对数据的搜集和使用需要强大的经济和技术实力，因此政府和大企业毫无疑问成为掌控数据的主体。而国家或大企业利用大数据的资源和技术优势，极易造成对个体隐私的严重侵害；与此同时，为了市场利益或者政治格局，数据独裁方可能篡改数据，进行造假分析和结果控制，使得处于技术和资源劣势的社会个体短期内难以觉察。但是一旦事实真相揭露，定会造成政府公信力和企业信誉度的严重下降，并进一步削弱国家治理能力。此外，大数据预测在信息化程度较高的经济发达地区快速发展和普及，会加剧偏远农村和贫穷人口的数字鸿沟和认同隔阂，进而剥夺信息弱势群体享受平等待遇和公平竞争的机会。② 因此，在涉及政府等公共机构和掌握数据的大企业使用大数据和算法做出决策的情况下，算法的可解释

---

① 冯象. 我是阿尔法 [M]. 香港：牛津大学出版社，2018.
② 郭建锦，郭建平. 大数据背景下的国家治理能力建设研究 [J]. 中国行政管理，2015（6）：75.

性、基于算法的大数据使用的正当性以及伦理基础都是值得追问并可供公开讨论及问责的。

2017 年 7 月发布的《新一代人工智能发展规划》在"推进社会治理现代化"部分提出要"围绕行政管理、司法管理、城市管理、环境保护等社会治理的热点难点问题,促进人工智能技术应用,推动社会治理现代化"。此外,在"利用人工智能提升公共安全保障能力"部分也指出了社会综合治理、新型犯罪和反恐等需要应用人工智能技术的重点领域。教育、医疗、养老等迫切民生需求领域也被提及作为人工智能技术急需进入的重点领域,以便"为公众提供个性化、多元化、高品质服务"。而上述提及的公共服务、教育、医疗等领域恰恰是歧视高发的领域。人工智能、大数据以及算法在国家治理体系①中的广泛适用也提示对规则规制和救济的必要性和复杂性。

(四)算法歧视的构成要件

在大数据和算法适用的主要案例或领域中,对算法歧视进行归类或者类型化的分析,对于算法歧视的规制和救济是非常必要的。

相对于偏见,歧视是由强势一方针对弱势一方的。因此,构成算法歧视的主体在大数据以及算法领域有绝对优势。数据的价值不是数据量,而是其中包含的洞见和有用信息。目前,20%的数据来自互联网,80%的数据仍然是私营领域的数据。IBM 公司董事长、总裁、首席执行官罗睿兰(Ginni Rometty)指出,人工智能带来的转折包括两方面:一是技术本身的转折;二是社会转折,即如何应用技术。② 目前数据超过 80%掌握在大企业以及政府的手中,大数据技术的应用取决于算法的应用,由此导致包括操控、偏见、审查、社会歧视、隐私权和财产权的侵犯、市场权力的滥用、对认知能力的影响、他治的兴起等风险的产生。③ 传统分类根据歧视的主体不同,可以将歧视大致分类为:国家歧视、机构歧视和个人歧视。国家歧视主要体现在一

---

① 算法在国家治理体系中的应用包括智能政务的顶层设计、人工智能时代的"编户齐民"以及分类、评分和社会信用体系等几个方面。参见郑戈. 国家治理法治化语境中的精准治理 [J]. 学术前沿,2018(5).

② 财新网. 谷歌、IBM 和百度齐聚人工智能有哪些推进 [EB/OL]. http://companies.caixin.com/2018-03-26/101226591.html(2018.03.26).

③ 刘永谋,兰立山. 大数据技术与技治主义 [J]. 晋阳学刊,2018(02):2018(2):75-80.

国的立法和政策两方面，比如美国和南非就曾经通过立法确认了种族歧视。机构歧视是指单位或者团体对个人的歧视，比如公司在招聘过程中存在歧视性的招聘条件。个人歧视则是指作为个体的人对其他人的歧视。应该说，在算法歧视中，这三类主体都可能出现或已经存在，但是大数据背景下的算法歧视围绕算法而展开，考虑到强弱人工智能的差异及未来的发展可能，算法歧视可以概括为两类：

第一类，因数据而产生的歧视。此类歧视类似于制度性歧视，大数据时代将人区分为两类，即数据富民和数据贫民。在资本和权力不断集中以及人类个体信息化的背景下，无法被资本发展和权力控制以攫取更多利润和价值的个体，注定无法被纳入数据采集的视野之内，在以数据采集为基础的算法决策过程中，该部分人将无论怎样适用算法，都是被排除在外的。

第二类，因算法本身导致的歧视，可针对个人或群体。该类歧视又区分为两种情况，一种是能够推断或者证明歧视故意的算法，可归结于算法的开发者、使用者、所有者，可以是平台也可以是个人；另一种是算法通过自我学习而在复杂的运算过程中导致的歧视，该类歧视难以确定歧视主体和歧视主观故意。

第一类歧视的主体和干预更多指向制度和政策的制定者和实施者，而第二类更多的指向算法的开发者、使用者和实施者，但是在大数据时代，二者存在高度的重合。而算法本身作为歧视主体带来的归责原理和规制模式的变革，是关注和研究的重中之重。

尽管从技术层面本身出发，可以从理论上将算法歧视分为设计者、使用者在开发或者使用算法的过程中的歧视，以及算法使用导致的歧视性后果，但是具备法律意义的算法歧视，却是要具备明确的歧视主体、区别对待、不利后果以及法律上明确禁止的理由。因此，算法歧视的规制实际上涉及更复杂的法律与技术的关系，以及不同法律模式之下对技术伦理的回应。

三、算法歧视的规制路径

大数据时代算法歧视的真正风险在于，通过过去的数据推测未来，并据此选择、过滤信息后有针对性地推送，由此可以有意识地塑造人，人类的多样性和因未来的不确定而带来的希望将逐渐丧失。这也是对算法进行规制的更深远原因。

（一）目前算法的主要规制路径

当前我国没有直接针对算法监管的法律规定，对于算法造成的不利法律后果，"我国采取结果监管的法律规制路径。具体言之，通过事后的内容审查发现算法造成的不利法律后果，进而将这种不利后果的法律责任分配给开发者或使用者——网络平台"。[①] 但张凌寒教授在论文中随后指出结果责任之下的内容审查和平台责任基于两个假定：[②]

一是对开发者全能的假设。如快播案和阿里云案中，法院认为："平台的技术开发者和使用者有能力知晓非法内容的存在，不能声称自己无法控制信息的传播，因此对造成的社会危害不能够逃脱责任"。

二是算法的"工具性"假设，即立法者倾向于认为算法是网络平台的工具。网络平台作为算法的开发者和使用者，对算法的运行和算法的决策都具有类似于对工具的控制能力。同时还意味着平台应当具备对算法结果充分的预测能力。

但算法深度学习的发展，以及随着人工智能发展的一日千里，算法决策变成常态性行为，使得上述两个假定难以立足，因此传统的结果规制和事后责任追究方式已无法应对算法带来的风险，这也意味着，将算法作为商业秘密，司法试图远离技术判断，只停留在法律判断领域的意图不再现实。

2019 年 1 月 1 日，《中华人民共和国电子商务法》（以下简称《电子商务法》）正式实施，《电子商务法》首次明确了网络交易平台设计、部署和应用的算法责任，包括网络平台的搜索算法明示义务、搜索算法自然结果的提供义务及推荐和定价算法的消费者保护义务等，在算法规制中有两个明显的进步：

第一，由结果责任发展到事前监管与结果责任并重。《电子商务法》对算法设置和开发确立了基本的规则，例如在第十八条中规定应对消费者权益给

---

① 张凌寒. 风险防范下算法的监管路径研究 [J]. 交大法学，2018 (4).
② 张凌寒. 风险防范下算法的监管路径研究 [J]. 交大法学，2018 (4).

予尊重和平等保护，在向其提供基于大数据分析的兴趣爱好、消费结果等的商品推荐时，应当提供不针对其个人的特征的其他选项。而第四十条规定，商品或服务推荐的算法应根据综合价格、销量、信用等多种方式，对于竞价排名的商品和服务，应显著标明"广告"。第十八条关于消费者的平等保护，是针对价格领域的算法歧视做出的平等保护，同时，也是对平台算法的设计、使用等进行的规制。

第二，在平台算法责任下对平台责任和技术的定位与认知有较大进步，对平台的认知从提供网络交易平台，到肯定其在提供网络交易的同时应担负起塑造平台秩序的功能。"网络交易平台的角色已经远非如单纯信息传送通道一样消极和中立，它们在商品和服务展示、交易规则安排、商品和服务评价、商户信用评价等方面均扮演了非常积极的角色。这些积极的角色增加了用户已有内容的价值并在很大程度上塑造了交易秩序。"①

但是上述规制路径对于算法歧视规制而言尚存在以下不足：

第一，对算法以及算法歧视带来的风险预测不足，因此即使是取得一定进步的《电子商务法》，依然在罚则部分体现的是传统的结果规制模式。在《电子商务法》的罚则部分，针对第十八条和第四十条的算法责任，规定由平台承担行政责任，由监管部门责令改正、没收违法所得或者处五万以上二十万元以下的罚款，情节特别严重的处二十万以上五十万以下的罚款。而人工智能时代的真正风险在于，算法正在并越来越多地取代人类成为决策的主体，人本身主体地位的迷失以及人类社会秩序、伦理、法律等都受到巨大冲击。在数据资本化的过程中，"随着算法将人类挤出就业市场，财富和权力可能会集中在拥有强大算法的极少数精英手中，造成前所未有的社会及政治不平等产生"。②数据与算法合谋，使得人类社会的数字鸿沟与贫富极化更加悬殊，不平等加剧并更加隐秘。因此，算法规制的首要目的应当是规避并控制风险，单纯的结果责任控制是远远不够的。

---

① Bamberger K A, Lobel O. Platform Market Power [J]. Berkeley Technology Law Journal, 2017, 32 (3)：1051-1092. 转引自张凌寒. 电子商务法中的算法责任及其完善 [J]. 北京航空航天大学学报（社会科学版），2018（6）.

② 尤瓦尔·赫拉利. 未来简史：从智人到智神 [M]. 林俊宏，译. 北京：中信出版集团，2017：292.

第二，对算法责任的主体讨论不够。算法责任的主体讨论不是法学领域自己的问题，更应该从伦理学以及政治学等角度切入，进行更基础层面上的反思和讨论。正如段伟文教授文中所论：①

算法以其不论以内在的逻辑控制结构还是外在的选择与决策的力量，算法使得当下无远弗届的世界数据化框架由内到外地展示出其强大的"合理性"——日益高效、自动化和智能化的"算法理性"，这使算法在经济、社会与生活等层面得到普遍应用，形成了算法权力和基于算法权力的社会政治型构。值得指出的是，算法权力不是宏观的政治统治权，不涉及暴力的实施和敌对性的权力争夺，而是一种普遍存在于社会运作和个人生活中的"泛在"的权力关系，表现为对人或主体无处不在的行为引导和可能实施的操纵，因此，算法权力实质上是一种以治理为目标的权力关系。其中，治理不仅表现为宏观的政治结构与国家管理，而且在更一般的意义上表现为对个人和群体行为的可能的引导方式。

算法本身作为一种社会权力，通过数据预测"现在"而非"未来"，数据本身的采集和量化有其限制和条件，对数据进行加工和处理的算法则不可避免地担负起复杂的利益分配和价值取向的功能。算法权力的提出本身即意味着算法在责任中的主体性地位的出现。"算法权力包括控制新闻议程以影响言论自由，决定资格审查批准以影响地位收入，协助评估雇员影响人的工作机会。其以算法作为主语则是因为算法逐渐脱离了纯粹的工具性角色，而有了自主性和认知特征，甚至具备了自我学习的能力"。② 在算法权力重新型构社会治理模式和政治架构的过程中，技术风险和技术伦理的不确定性、算法"黑箱"以及传统法律责任制度下被治理对象的无能为力，都迫使算法自身作为责任主体从平台责任、开发者、设计者、控制者或使用者责任中独立出来，接受反思并重新设计规制路径。

第三，对个体受害者的救济方式匮乏。目前的规制方式多以平台承担责任为结果，对个体的民事救济路径匮乏。尽管，个体在面对强大的平台和算法时，搜集证据和提起救济的困难很大，但是在欠缺民事救济规制的体制下，

① 段伟文. 数据智能的算法权力及其边界校勘 [J]. 探索与争鸣，2018（10）.
② 张凌寒. 商业自动化决策的算法解释权研究 [J]. 法律科学（西北政法大学学报），2018（3）.

一方面个体主动质疑算法的能动性将极低，另一方面在没有民事赔偿和算法公开和解释义务的情况下，对算法的监督也难以落到实处。

因此，针对算法歧视的规制路径，我们拟从以下角度进行探讨：算法的技术伦理、立法规制以及司法救济。

（二）算法的技术伦理

技术伦理学的任务范畴，是要解决伴随科学和技术进步而必然出现的种种规范和原则的不明确问题。科技的进步改变了人类生存条件的限制，在这种情况下，应该创造出一个崭新的价值取向。技术伦理学的任务，就是依据理性辩论的原则，建立起技术评价和技术决策的一套规范基础，目的是借此为经过伦理思考和能够担负责任的决策者提供帮助。

技术伦理学的对象所涉及的不是技术本身，而是在同技术打交道的过程中，以及在技术进步的过程中产生的那些规范和原则的不明确问题，因此，它所牵涉的不是技术的伦理学，而是对与技术打交道，以及对技术的后果和掌控的一种伦理反思。技术伦理学反思的最终指向，不是那些关于人们在技术背景中如何合乎道义地正确行动的笼统意见，比如，它不能裁决核能的使用是否负责这一问题，这个问题应当由社会通过公开辩论和政府决策来加以决定，技术伦理学可以并且应该为这些辩论和决策提供咨询，特别是对伦理道德背景作出说明，以及对杂乱无章的辩论理由加以透明化。而在科技进步中的未来决策和前进方向问题上，公众社会自始至终所需依靠的是他们自己。① 在技术伦理学的研究和反思中，有三点值得注意：

第一，人始终是一种主体性的存在，无论技术如何发展，人类都应当在自身事务以及公共事务的决策中努力起主导作用，而不应该完全依赖技术，尤其是自动化决策。

第二，当技术因标准和规范不明而产生风险以及对未来影响的不确定性时，应当允许公开辩论，并且辩论的理由应当透明化，而不应当作为秘密加以保护。

---

① 阿明·格伦瓦尔德. 技术伦理学手册［M］. 吴宁，译. 北京：社会科学文献出版社，2017：6，8，10-11.

第三，技术伦理学虽然不回答技术是否应当使用或者由谁来负责的问题，但是技术伦理学要求公众或社会针对技术的相关问题享有公开辩论的参与权，并且由政府的决策——而非自动化决策来决定是或否以及责任的相关问题。

由此在算法歧视规制的过程中，需要继续对以下问题进行讨论或澄清：

1. 算法的性质

目前对算法的争议主要包括三种，分别是：技术工具、知识产权以及言论自由。对于技术工具的认定，典型的代表是快播案中的"菜刀理论"，前文已有述及，此处不再展开。根据《中华人民共和国专利法》（以下简称《专利法》）第二十五条的规定，智力活动的规则和方法不被授予专利权。因此，如果将算法看作"智力活动的规则和方法"，则无法适用《专利法》第二十五条予以保护。但随着人工智能的发展以及算法核心作用的凸显，将算法纳入知识产权保护的呼声日益高涨，因此，将算法界定为智力规则还是技术方案，就成为关键所在。在人工智能时代，知识产权的哲学基础也已经改变，包括人工智能的主体资格问题在内的许多问题，都已经涉及哲学和伦理学的反思和重构。

支持算法属于言论自由的观点，试图通过人—算法—言论的逻辑，将算法看作人发表言论的工具，从而否认算法的主体资格。但是关于算法是否属于言论自由的讨论，恰恰与目前《电子商务法》开启的算法规制之路存在矛盾，后者试图用算法自身主体地位的逐渐认可，来解决目前单纯的平台责任和使用者、开发者责任无法涵盖的部分。在算法本身建立起"硬规则"以及所谓的算法霸权的环境中，算法的可解释、可问责、可质疑本身变得极为重要，但这个责任指向的是算法本身，还是算法的使用者、控制者、开发者，对于后续的制度设计至关重要。

无论是从哲学层面对算法权力边界的反思，还是对作为算法规制的前置问题——算法是否属于言论自由保护范畴的美国判例法梳理，都指向同一个问题：实用主义进路或者一般使用者立场。算法之下，作为一般使用者完全无力抗衡，规制的目的在于保证人之主体性的存在，在新的技术与权力关系中，找到自己的存在，以及如何更好地存在。

2. 算法的主体

关于算法的主体问题，有两个挑战：一是算法本身无法完全为其设计者或主导者所左右，目前的算法已经实现自主学习，在不同的信息喂养下，以及信息代码多次修复和更迭之后，即使最初的设计者也很难理解算法的价值内涵，当前歧视与反歧视事件中的因果关系，在算法歧视中很难成立，从而很难将算法责任归于算法的设计者、主导者、使用者或者平台。

二是算法歧视主体是否存在主观故意也很难认定。算法歧视的结果发生之时，已经很难还原算法设计时的主观价值。因此，在算法歧视案件的审理和认定过程中，构成要件、归责原则以及因果关系等都需要更加细致的论证。

（三）算法歧视的立法规制

人工智能的本质实际上是将算法的自动化决策应用在日益广泛的场景中，在算法本身即嵌入偏见的前提下，对算法歧视的规制需要更长远的规划和调整，这不仅仅是对算法及歧视的干预，更是人工智能时代到来后，公共政策应该随之做出的改变。这种改变应当充分认识到人工智能对社会不平等、失业、人性的淡漠与丧失等巨大的风险，从而在教育、法律等领域逐步进行调整，以迎接新时代的到来，并在最大程度上与之合作，实现"使中产阶级壮大"的目的，而非日益非人化。因此，在立法层面，需要从一般使用者的立场出发，在法律的制定和修改过程中作出以下几个方面的努力：

1. 逐步明晰算法的主体地位和责任

目前关于是否应当赋予人工智能法律主体地位的讨论依然在持续中，算法的主体地位和责任亦然。责任关系至少是三重性质的：谁（责任主体）对什么（责任客体）及对谁（责任评判机构）负责任？人的行为的技术化以及人的行为能力的扩展，要求道德责任的领域扩大，因此人工智能及算法的道德主体被纳入技术伦理的思考范畴。"在逐渐非传统化和分工明确的现代社会里，由于行为（后果）关联体系的复杂性、相互依存和变化的提高和增多。……这些责任的归属原则必须考虑技术行为可能带来的长远后果，必须把处理风险和不确定性的标准规范涵盖进来。从法律的层面看，我们必须对诸如责任担保方面的过失标准、危险担保的规定以及预防原则进行思考。"①

---

① 阿明·格伦瓦尔德. 技术伦理学手册 [M]. 吴宁，译. 北京：社会科学文献出版社，2017：71.

技术伦理学层面的反思体现在人工智能时代法律层面的变革，既不能阻碍技术的发展，又要化解技术发展给人类带来的异化风险，保障算法霸权之下的个体权益，应当从立法层面进行以下回应：

第一，确立算法本身的主体地位和责任，对于解决当前人工智能应用日益复杂导致的责任认定的困境是有帮助的。

第二，只有在不存在有过错的第三方时，才能将责任分配给算法。

第三，在保险制度、快速赔付制度等领域作出改革，建立覆盖人工智能和算法的保险制度、储备金制度和快速赔付制度，保证受到人工智能和算法侵害的相对人能够尽快获得赔偿。

2. 确立算法开发、设计、运行的基本伦理规范和标准

技术伦理学的对象所涉及的不是技术本身，而是在同技术打交道的过程中，以及在技术进步过程中产生的有关规范和原则的不明确性问题。对于算法的规制，应该着眼于风险的预防和避免，算法的开发、设计、运行以及使用也应该确立基本的伦理规范和标准。由于算法"设计要求将道德规范转译为具有数学准确性的程序语言，所以表述越清晰的道德原则与算法的兼容性就越好"，[①] 这就要求在未来的立法和标准制定过程中，以风险预防为基本原则，细化可执行的算法伦理和标准。

3. 为相对人配置算法的解释权

张凌寒教授论证了商业自动化决策领域配置算法解释权的目的、功能、必要性等，并对算法解释权进行了界定：当自动化决策的具体决定对相对人有法律上或者经济上的显著影响时，相对人向算法使用人提出异议，要求其提供对具体决策的解释，并要求其更新数据或更正错误的权利。[②] 为相对人配置算法解释权，出发点在于使相对人了解算法主导的自动化决策是如何作出的，从而提高自动化决策时代相对人与算法的对抗能力，弥补当前的私法、公法救济规则对算法侵权规定的不足。但是算法独立的语言系统以及运行规则，将绝大多数人挡在了"理解之门"外面，算法解释权对相对人而言形式意义大于实质意义。更实质的作用在于要求算法的开发者和使用者，必须拥

① 王珀. 无人驾驶与算法伦理：一种后果主义的算法伦理设计框架 [J]. 自然辩证法研究，2018（10）.

② 张凌寒. 商业自动化决策的算法解释权研究 [J]. 法律科学（西北政法大学学报），2018（3）.

有控制算法和解释算法的能力。

4. 设置必要的专门机构，行使算法监管职能

近年来，专家普遍呼吁对算法进行必要的监管，尤其是对涉及公民基本权利以及重大公共利益的事项，更需要从立法层面设计更加细致有效的公共监管方式。对道德委员会等专业委员会的设置建议也频繁出现在媒体报道和专业论文之中，试图通过专业委员会的设置，将政府、企业、专家等综合在一个专业机构之中，对于算法的伦理价值、实际运作等进行审查和评价，从而确保算法的价值取向以及在实际运行过程中不伤及公民基本权利、社会公共利益和人类基本价值。对于包括算法在内的技术监管而言，专门的综合性的监管机构，能够最大可能地打破专业壁垒，提供最优化的监管方案。

5. 完善反歧视和平等权利保护方面的立法

"平等权利保护不是简单的权利确认过程，而是社会资源的再分配和利益冲突的再协调，所以，这一领域的立法不作为更有可能加剧制度的不公正。"① 需要指出的是，立法规制不仅要关注对歧视行为本身的规制，即在立法过程中，不断拓展歧视行为的禁止范畴，更应该关注规则设置本身，即避免由规则设置歧视，对于已经出现的规则性歧视提供修正和救济途径，在算法的领域，要更加关注因算法而加剧的制度性歧视。目前我国以行政规章和规范性文件为载体的制度性歧视可以进入司法审查的视野，其他形式的制度性歧视无法通过司法审查而获得救济。因此，在大数据和算法权力背景下的立法理论和实践发展过程中，对于制度性歧视的危害、立法规则与制度性歧视之间的关联以及导致制度性歧视的立法规则的审查与救济等，都要进行更加深刻的研究与关注。

（四）算法歧视的司法救济

"立法对歧视的禁止必须有相应的司法审查技术作为衔接，禁止歧视成败的关键在于如何从纷繁复杂的各色行为中识别出违法的歧视行为，而识别歧视所仰赖的又是法院在司法实践中发展出的一套精密复杂的审查技术。"②

---

① 任喜荣. 制度性歧视与平等权利保障机构的功能：以农民权利保障为视角 [J]. 当代法学，2007 (2).

② 李成. 平等权的司法保护：基于116件反歧视诉讼裁判文书的评析与总结 [J]. 华东政法学院学报，2013 (4).

1. 反歧视诉讼

对于算法歧视行为的救济，当前的主要途径是反歧视诉讼，能够提起反歧视诉讼的领域，仍然是目前立法规定和司法实践中已经出现的，包括就业、教育、性别、种族、民族等领域。"现阶段反歧视案件的审判实践显示，无论采用比较抑或直接探究行为人的主观心态，法院总是期待能够在行为与事由之间寻觅到一条清晰的因果链条，换句话说，区别对待行为要么基于非法事由而构成歧视，要么缘于合法情势与歧视无关，两者必居其一。这种泾渭分明的因果联系审查标准过分简单化了行为人在决策时的复杂心态，尤其是当行为人存在合法的与非法的'混合动机'时，法院可能放纵部分动机复杂的歧视行为。"① 但是在目前的司法审判过程中，算法本身能够作为损害的方式或工具而存在，恐怕还难以作为损害的主体出现，是其设计者、使用者在开发或设计的过程中存在故意或偏差而导致歧视行为和歧视后果的发生，因此责任的认定和归属会集中在设计者和开发者承担赔偿或是整改责任。传统的司法审查模式在算法歧视领域呈现出的不足在于，当歧视行为是因为算法而产生，则开发者和设计者的主观心态将更加难以认定，歧视行为和歧视结果之间的因果关系链条难以建立。同时也没有办法解决算法权力致害救济的根本问题——除了获得必要的赔偿或补偿之外，我们要掌握在算法致害后果出现时，能够对其进行逆向追问并迫使其修正或改进的能力和方法。除了要对算法歧视的主体以及责任承担方式进行立法领域的明确，还需要审判技术的不断细化以及进步，在具体的算法歧视案例中，通过说理与解释使得逻辑更加清晰，救济更加明确具体。

2. 公益诉讼的探讨

北京市人民检察院检察官刘哲在《算法霸权与公益诉讼》一文中探讨了算法公益诉讼的必要性与可能性，提出："优先算法关涉公共利益，涉及不特定的多数人。而且个人的力量微弱，除提出个人利益损害的民事诉讼以外，很难就算法问题提出系统性诉讼请求。……行政管理部门虽然也是一种外部

---

① 王珀. 无人驾驶与算法伦理：一种后果主义的算法伦理设计框架 [J]. 自然辩证法研究，2018 (10).

监督机制，但是由于多头管理，利益盘根错节，所以很难有一个根本上的改善，对此，算法问题和雾霾问题具有一致性。"① 公益诉讼制度在我国刚刚起步，目前多集中在环境保护、食品药品安全以及国有资产资源等领域，其中食品药品安全领域的公益诉讼以消费者权益保护类的诉讼居多。广东假盐系列公益诉讼案件开启了我国惩罚性赔偿公益诉讼的先河，对于消费者权益的保护以及公益诉讼的震慑等都具有重要意义。算法歧视导致的公共利益致害案件，侵害主体大多为政府和大型企业，其中制度性歧视最为关键，因而由检察机关作为原告提起公益诉讼，发挥检察机关对于法律、规则的监督检查功能，从制度设计的初衷而言是没有问题的，但是公益诉讼的原告资格、公共利益的认定以及直接利害关系的判断等，本身仍然需要司法审查技术的不断细化和进步，而就"算法歧视"和算法监管是否能够提起公益诉讼，则除司法技术之外，还需要立法、司法解释等配套制度的支持。

（五）算法歧视的行政规制

大数据技术的运用也引发了政府管理模式转变，以各类数据平台的建设、数据技术的开发、数据采集与数据整合为代表的智慧政府、智慧城市等的建设，大数据技术和算法为核心的治理时代已经到来。但是从技术层面来看，大数据算法存在的局限也会使大数据技术治理出现风险。这些风险既包括算法和大数据技术本身的"虚假的确定性"，也包括政府决策、执行过程中运用算法带来的歧视。这不仅要求政府在运用大数据技术进行社会治理时有意识地克服算法的局限，规避大数据和算法局限带来的风险，还应该采取更加积极的方式，为算法提供更为有效的监管。

1. 恪守不歧视义务

关保英教授系统论述了行政不歧视义务②，提出"行政不歧视义务从理论上讲可以从行政相对人享有的平等权和自由权等得到推演，但在现代行政法治中它应当有着确切的含义，并与平等权区分。行政不歧视义务是一个范畴性的义务，包括地域不歧视的义务、行业不歧视的义务、地位不歧视的义

---

① 刘哲. 算法霸权与公益诉讼 [N]. 检察日报，2018. 11. 08.
② 关保英. 论行政不歧视义务 [J]. 法律科学（西北政法大学学报），2016 (2).

务、财产不歧视的义务和态度不歧视的义务，行政不歧视义务的履行必须强调行政行为的同一性、连续性、稳定性和平和性"。算法歧视的行政规制，首先需要从理论上对行政不歧视的理论和实践价值以及与作为基本权利的平等权的区分进行更加细致深入的研究，形成行政机关的自我约束，这对于包括算法歧视在内的歧视的规避具有根本性的意义。

2. 推进规制模式创新

规制创新将为算法监管提供更加有效的路径。在大数据和算法广泛应用于社会治理的过程中，责任主体始终是无法回避的问题：其一，大数据技术分析结果有问题，但治理人员迫于压力完全根据大数据技术分析方案进行治理，最后导致问题出现，那么责任主体是执行者还是决策者，抑或算法设计者？其二，大数据技术分析结果没有问题，但在实施过程中治理人员无法达到治理方案的要求，从而导致出现问题，那么责任主体应该是谁？[1] 因此，无论是从风险的角度还是公共治理责任的角度，行政机关对算法的规制都是必须的。规制的目的至少包括两个层面：一是规避算法的应用给公民个体以及社会公共利益带来的已知和未知的风险，二是规避算法作为自身治理手段而导致的风险。这两个层面未必截然分开，但在规制手段的选择上可能呈现出对内和对外两个面向，对内可能更加侧重于以内部程序构建为主的自我规制，[2] 对外则应该侧重于专门监管机构的设置以及更加有效的过程和结果监督。"鉴于智能算法日益决定着各种决策的结果，人们需要建构技术公平规范体系，通过程序设计来保障公平的实现，并借助于技术程序的正当性来强化智能决策系统的透明性、可审查性和可解释性"。[3]

在算法规制的过程中，无论是内部程序还是外部程序的法律规制都应该受到足够的重视，一方面，算法本身与程序多有相似之处，另一方面，大数据和算法作为治理工具的一种，如何协同与其他治理工具的关系以及政府在其中的作用和责任，都是亟待解决的命题。而期间涉及的选择机制、决策机

---

① 刘永谋，兰立山. 大数据技术与技治主义［J］. 晋阳学刊，2018（2）.

② 关于内部行政程序的法律规制，参见何海波. 内部行政程序的法律规制［J］. 交大法学，2012（1，2）.

③ 参见苏令银. 透视人工智能背后的"算法歧视"［DB/OL］. 中国社会科学网－中国社会科学报，2017.

制以及执行机制，正如季卫东先生在《法律程序的意义》中所论述的：对于现代人来说，选择即是中心的问题——从关于选择的这个观点更进一步，政治体系就变成一个为某种特定集体而设定的选择体系。政府是调整选择的机制……现代化过程的一个特点是它包括选择的两个方面：改善选择的条件和甄别最满意的选择机制。现代政府调整选择的主要方式就是公正而合理的程序。而季卫东先生关于程序作用的论述也让我们看到了法律规制算法的希望：

第一，对各种主张和选择的可能性进行过滤，找出最适当的判断和最佳的决定方案。第二，通过充分的、平等的发言机会，疏导不满和矛盾，使当事人的初始动机得以变形和中立化，避免采取激烈的手段来压抑对抗倾向。第三，既排除决定者的恣意，又保留合理的裁量余地。第四，决定不可能实现皆大欢喜的效果，因而需要吸收部分甚至全体当事人的不满。程序要件的满足可以使决定变得容易为失望者所接受。第五，程序参加者的角色分担具有归责机制，可以强化服从决定的义务感。第六，通过法律解释和事实认定，作出有强制力的决定，使抽象的法律规范变成具体的行为指示。第七，通过决定者与角色分担的当事人的相互作用，在一定程度上可以改组结构，实现重新制度化，至少使变法的必要性容易被发现。第八，可以减轻决定者的责任风险，从而也就减轻了请示汇报、重审纠偏的成本负担。①

赫伯特·马尔库塞在《单向度的人》一书中贡献了对技术极权的经典反思，认为政治的单向度和高度极权主义不是来自暴力和专政，而是来自技术的进步。高度发达的科学技术和高效的生产率借助技术手段和消费引导，不断为人们提供大量的商品和服务以满足人们的虚假需要，从而驾驭人的意识、操纵人们的生活。② 而技术的开发与应用，具有决策权的是资本、技术或权力的拥有者，社会最大规模的人没有权利和机会参与其中，而生活和命运却随时可能被改变。大数据和算法的风险尚未完全明确，争议仍然甚嚣尘上，而相关的社会、商业、政府都已裹挟其中。技术伦理学的研究也表明，通过普适系统来开发我们的日常生活，将会对伦理学探讨的三个条件产生巨大的

---

① 季卫东. 法律程序的意义 [M]. 北京：中国法制出版社，2004.

② 陈美琳. 评马尔库塞对"单向度人"的超越 [D]. 北京：中国政法大学，2010：1.

影响，即（人在其中进行活动的）"现实世界的可决定性"、"行为主体的同一性"（行为主体应为自己的行为承担责任），以及使负责任行为成为可能的"遴选抉择"。无论纠偏行动中对政府扩权的实质如何警惕，无论逆向歧视的合法性与正当性是否持续饱受争议，在大数据和算法嵌入权力制度，将人类以及与人类社会相关的一切推向异化，并且面对公民个体呈现出压倒性优势时，政府必须担负起监管以及风险防控的责任，这应是人类组建政府的初衷。

第四章　无人驾驶的算法规制

成功创造了人工智能，很可能是人类文明史上最伟大的事件。但如果我们不能学会如何避免风险，那么我们会把自己置于绝境。

——斯蒂芬·霍金（Stepen William Howking）

在过去的十几年里，随着经济和城市的快速发展，城市道路条件明显提升，交通情况日益严峻复杂。加之人为因素等，世界各地的交通事故频率逐年递增，伤亡人数和财产损失也逐年增加。随着科学技术的发展和计算机领域的成熟，无人驾驶的概念被提出。与此同时，大数据、物联网、5G、人工智能等技术发展迅速使无人驾驶汽车技术的发展和应用全面展开。各汽车公司，甚至类似谷歌、百度等互联网公司都在无人驾驶领域投入巨大的人力和财力。

无人驾驶与自动驾驶是两个极易混淆的概念，广义上来说，无人驾驶就是一种自动驾驶，而区分两者的关键是两者分属不同级别的自动驾驶技术。根据美国汽车工程协会对自动驾驶技术进行的分级，自动驾驶被按照自动化级别分为 0—5 级，共 6 个级别。其中 L3—L5 级可以称为自动驾驶，L4 级（高度自动化）和 L5 级（完全自动化）属于"无人驾驶"，L4 级指驾驶操作和环境观察都由系统完成。在 L3 级的基础上，人只需在某些复杂地形或者天气恶劣的情况下对系统请求做出决策，其他情况下系统能独自应付自动驾驶。L5 级指车上没有方向盘、刹车、油门，系统已经可以应付所有情况，系统开车甚至比人开得更好，被认为是真正的无人驾驶。而自动驾驶指称的是 L3 级，属于有条件自动化，在有限情况下实现自动控制，系统在某些条件下可以完全负责整个车辆的操控，但是当遇到紧急情况时，还是需要司机对车辆进行接管。

无人驾驶汽车也被称为"轮式移动机器人"，它是一种智能汽车，可以像普通汽车一样自动行驶而无须人为操控。车辆驾驶依赖于智能软件和车辆自身配备的各种感应设备，以感知车辆的周围环境，并根据车辆的周围环境作出响应和判断。无人驾驶的核心是装载在车辆中的计算机系统，通过该系统可以获得道路状况信息，控制车辆行驶，快速且安全地到达目的地。因此，无人驾驶汽车是一套集人工智能、建筑、视觉设计和许多其他技术于一体的智能装置，是计算机科学和智能控制技术高度发展的产物。总而言之，自动驾驶是包括了环境感知、智能决策与控制、虚拟仿真、高精地图、高精定位、车载操作系统、车载硬件、智能互联、人机交互、系统安全等核心技术的新兴产业。

无人驾驶是一种闻所未闻的全新驾车方式，彻底改变了传统的驾驶模式，对汽车产业具有颠覆性的影响。无人驾驶不仅提高了交通运输系统的效率，而且提高和保障了车辆驾驶的安全性，极大地保证了人身和财产的安全，相对于传统的人工驾驶汽车，更节能、更环保。

一、无人驾驶走进现实

（一）无人驾驶的历史

1. 无人驾驶的出现

无人驾驶技术最早应用于军事活动中：1925 年美国陆军的电子工程师 Francis P. Houdina 用一台收音机来控制他面前的一辆汽车，这是有史以来第一辆无人驾驶汽车。两个组合车辆通过从后方车辆发射无线电波来连接前方车辆的方向盘、离合器、制动器和其他部件，以实现无人驾驶。由于技术不成熟，前进车发出的无线电波经常被送到其他地方，但这并不能阻止它成为历史上第一辆"无人驾驶汽车"。

在 1956 年，通用汽车公司制造了世界上第一款无人驾驶概念车，这是人类历史上首款配备自动导航功能的汽车，但是该车仅仅只是一辆概念车。1958 年，通用公司进一步研发技术，通过线缆把信息传输给事先安装在车辆上的接收器，让其具备了无人驾驶的能力，称为 Firebird Ⅲ，外形酷似火箭车。1971 年，英国道路研究实验室的视频展示了一款与通用汽车有类似想法的测试无人驾驶汽车。

2. 国外无人驾驶汽车的发展历程

对无人驾驶的系统性探索始于 20 世纪 50 年代，之前的不能称为真正的

"无人驾驶"。无人驾驶是由欧美等地区和国家率先提出研究，它们在无人驾驶的可行性和实用性方面取得了一些进展。在 50 年代，美国贝瑞特公司制造了一辆可在轨道上传送货物的自动导航车，这辆车是用拖拉机改装而成的，但它最初配备了无人驾驶的功能。

无人驾驶的核心是自主导航功能，该技术起源于一款车轮结构的多功能机器，1966 年，斯坦福大学研究所的人工智能开发中心开发出了该机器。它的功能仅仅局限于室内的开灯和关灯，但传感器和信息传输为无人驾驶导航开辟了道路。1977 年，日本筑波工程研究实验室放弃了通常的脉冲控制，开发了第一款可通过摄像头巡航的无人驾驶汽车，以检测前方的标志或导航信息。1983 年，在国防高级研究计划局、卡内基梅隆大学、斯坦福大学和麻省理工学院的支持下，美国推出了一项名为自动陆地巡航（ALV）的新计划，目标是让汽车拥有使用摄像头检测地形和计算机系统的自主权，以开发导航和驾驶方向等解决方案。

1986 年，美国卡内基梅隆大学机器研究所开始进行无人驾驶研究。经过几年的发展，1995 年，该团队为雪佛兰配备了便携式计算设备——前保险杠中的摄像头和 GPS 接收器，并命名为 NavLab1。其计算机系统具有图像处理、图像理解、传感器信息融合、路径规划和控制本体等功能。由 Marp、Sun3 和 Sun4 组成。NavLab1 传感器主要包括彩色摄像机、陀螺仪、ERIM 激光雷达、超声波传感器、光电编码器和 GPS。在 CMU 网道路上运行时，NavLab1 的速度为 12 千米/小时，使用神经网络控制器（ALVINN）控制车身时，最高时速为 88 千米。Navlab1 最终实现了匹兹堡到洛杉矶的无人驾驶，据统计 98.2％的里程为纯无人驾驶，只有 1.8％的里程由人们提供了很少的帮助，极大地促进了无人驾驶技术的进步。

在欧洲，德国慕尼黑联邦国防大学的航空航天系教授 Ernst Dick-manns 在他的"动态视觉计算"项目中，成功开发了几种无人驾驶汽车原型。团队于 1994 年在一辆奔驰汽车上装上了传感器和摄像头，用来感应和监视路况，该车甚至在正常路况下无人驾驶了 1 千米。

进入 21 世纪以来，随着科技的进步，无人驾驶技术取得了质的突破。美国军方在 2004 年重新开始研究无人驾驶。该团队曾经驾驶一辆无人驾驶汽车穿越莫哈韦沙漠。美国国防部高级研究计划局（DARPA）每年举办奖金价值

100万美元的比赛，无人驾驶汽车在检测和避开其他车辆的同时，需要遵守所有交通规则，目的是使军方有三成以上的军用车辆能完全实现无人驾驶，期限是十年。在这一挑战的推动下，无人驾驶汽车变得越来越复杂，学习处理有关其他车辆、交通信号、道路障碍以及如何与人类驾驶员相处的信息。在2005年，美国斯坦福大学改造了一辆大众途锐的GPS系统，配以全新的激光测距系统、信息处理和接收器。2005年至2007年，在DARPA工作的许多工程师加入了谷歌团队，他们成功开发了视频系统、雷达和激光自主导航。谷歌的大计划就此开始：2009年，谷歌获得了美国国防部的支持，2011年，无人驾驶汽车的法律在美国通过，谷歌被授权在美国驾驶无人驾驶汽车，成为世界上第一家被授权的公司。在政策的支持下，无人驾驶技术不断改进，2012年，无人驾驶汽车进入了人们的日常生活，一辆谷歌无人驾驶汽车获得了内华达汽车部的许可证，2014年5月，谷歌在美国科技新闻网站的代码会议上宣布了其新开发的无人驾驶汽车原型，2016年3月，美国汽车安全监管机构认为谷歌的无人驾驶汽车配备符合联邦法律的人工智能系统，这意味着无人驾驶汽车迈出了新的一步。目前该项目由斯坦福大学的人工智能资助实验室主任、号称无人驾驶之父的Sebastian Thrun担任工程师。截至2020年11月，谷歌旗下自动驾驶Waymo路测里程已达到981万千米，且其中10.5万千米是完全没有人类驾驶的"完全自动驾驶"。现在，这个数字还在以每周1.6万至2.1万千米的速度增长。谷歌无人驾驶车辆控制系统将继续接受考验，使其人工智能程度更高，进而能够实现"任何时间、任何路段"的无人驾驶。

目前，许多知名汽车公司正在研发具有自主技术平台和产业规划的无人驾驶汽车，希望在无人驾驶技术方面处于领先地位。许多知名汽车公司以及不少互联网企业凭借自身的超高优势，在国内外大力进行无人驾驶汽车技术的研究与开发。由于对尖端技术的高度掌握，研发的进展非常快，甚至几种无人驾驶模型车也接近大规模生产。

2018年，美国几个州已经发布了由谷歌等公司开发的无人驾驶汽车的道路测试许可证，2020年，加州授予了谷歌Waymo加州公共道路的无人驾驶汽车测试许可证。在欧洲，德国向宝马公司发放了智能汽车的许可证。在西班牙地区的道路上也允许使用无人驾驶汽车，瑞典新创公司Einride的无人驾驶电动货车 T-Pod 获得了瑞典运输管理部门的上路许可，但政府对它们的许可开放程度进展缓慢，不如美国政府开放。同时，一些外国汽车公司并不完全同意用智能驾驶取代人类驾驶。

虽然无人驾驶技术发展如火如荼，但针对无人驾驶的大趋势，各知名汽车公司的意见并不一致。梅赛德斯-奔驰总裁迪特·蔡澈（Dieter Zetsche）认为，驾驶车辆不应该只是机械化的活动，不少人买车是希望享受开车的乐趣，不赞同推行完全自动化的无人驾驶，因为这样会剥夺车主的驾驶乐趣。但他同时也表示在大势所趋下也会考虑引入智能驾驶技术，将选择权留给消费者，智能驾驶时代的来临不意味着人工驾驶的消亡。与蔡澈想法不同，如今奔驰正在积极推进无人驾驶汽车的研发，在 2020 年的一份报告中奔驰公司宣布在大约三年内推出无人驾驶出租车服务的计划；沃尔沃汽车以及日产公司与奔驰不同，自技术问世以来他们就一直致力于无人驾驶技术的研发工作，公司的宗旨是安全第一，目标是制造出一辆世界上最安全的汽车，因为全自动无人驾驶汽车能最大程度保证车主和乘客的安全性，2020 年 2 月，沃尔沃推出 XC90，可以在被允许的高速公路上进行无人驾驶；通用和丰田也计划到 2020 年推出无人驾驶汽车，在 2020 年 1 月，通用公司在旧金山发布了首款名为 Origin 的自动驾驶汽车，该车没有踏板，没有方向盘，传统控制装置都不存在，当然也没有驾驶员，属于无人驾驶汽车；同年 2 月，丰田公司向小马智行投资了 4 亿美元，用于合作开发自动驾驶汽车；福特公司在 2020 年 6 月宣布其纯电动旗舰野马 Mach-E 将于 2021 年开始销售，配备免提主动巡航控制系统。这些车企高度关注无人驾驶汽车领域，积极投入资金和精力进行无人驾驶技术的研究。

3. 中国无人驾驶汽车的发展历程

相比于国外，中国直到改革开放之后才开始研究无人驾驶，我国的无人驾驶技术研究一直在有条不紊地进行中。1980 年，国家立项"遥控驾驶的防核化侦察车"，属于国家重点研究项目，该项目可以说是无人驾驶的前身，对无人驾驶的发展有重大的推动作用。

在 1989 年，国防科技大学研究出了一辆智能小车；1992 年，中国第一辆无人驾驶汽车问世，由国防科技大学开发。它配备了一个驱动系统，包括一台计算机及其支持的检测传感器和液压控制系统，可以在计算机控制下自动驱动汽车。该车是由一辆中型面包车改制而来，命名为 ATB-1。ATB-1 无人驾驶汽车具有人工驾驶性能和无人驾驶性能，对我国无人驾驶技术起到了奠基的作用。

21 世纪后，我国的无人驾驶技术有了质的飞跃，最重要的一点是国家给了相应的政策和技术支持，提出了一项国家高技术研究与发展计划（政府主导的国家有限研究领域的基础研究计划），无人驾驶当然落入这一领域。2000 年，经过多次改进，国防科技大学开发并成功测试了第四代无人驾驶汽车；2001 年，国防科技大学又成功开发出时速 76 千米的无人驾驶汽车；2005 年，上海交通大学开发了一款总里程为 50 万千米的城市无人驾驶汽车，其中 8 万千米采用全无人驾驶模式。

首次试跑成功的无人驾驶汽车是由国防科技大学和一汽于 2006 年联发的红旗 CA7460 轿车。该车在长沙绕城高速上试跑成功，甚至跑出了 130 千米/小时的速度，距离测试用车仅仅过去了 3 年，它可以根据车辆前方的障碍物自动改变车道。这是我国无人驾驶技术发展的一大步。2011 年，国防科技大学和中国一汽又向前迈进了一步。改进的红旗 HQ3 平均行驶速度为 87 千米/小时，总行驶距离为 286 千米，总时长为 3 小时 22 分钟，从长沙出发，经过 286 千米后，安全抵达武汉，首次完成了高速全程无人驾驶测试。这表明中国已开发出无人驾驶新技术。

然而，由国家官方认证的无人驾驶汽车是由军事交通学院开发的，并于 2012 年 11 月完成了高速公路测试。它被官方认定为无人驾驶汽车，其高速公路试驾距离从京津高速公路的台湖收费站到 104 千米外的天津东丽收费站。

2013 年，百度入手无人驾驶技术，只要车主将目的地输入导航系统，汽车就可以自动前往目的地。百度无人驾驶汽车可以自动识别交通标志和驾驶信息，配备雷达、摄像机、全球卫星导航等电子设备，以及同步传感器。该项目由百度研究所牵头，将专注于为百度无人驾驶汽车开发"大脑"操作控制系统。2015 年，百度自行研制的无人驾驶汽车完成了在高速公路、环路、城市道路上的测试（非封闭），这意味着我国的无人驾驶汽车已经符合了作为商品投入市场的要求。2016 年 3 月，"十三五"汽车工业发展规划发布，该计划要求在"十三五"期间建立汽车行业创新体系，积极开发智能网联汽车。

2016 年 10 月，百度与福田汽车集团联合推出新的百度地图，拥有语音功能和 L3 级自动驾驶技术，使用云平台完全集成和分析智能汽车，集合"车联网"和大数据，分析用户共同使用的特征来开发和构建智能汽车。2017 年 4月，百度在高精地图驾驶的基础上，与博世就无人驾驶定位系统达成战略合作，使无人驾驶更加准确和实时。2018 年 7 月，百度与金龙客车联手发布全球首款 L4 级量产自动驾驶巴士"阿波龙"。2019 年 6 月底，百度与一汽红旗共同打造的第一批 L4 级自动驾驶乘用车量产下线。2020 年，百度先后在长沙和北京取得无人驾驶测试许可。2021 年自动驾驶商业运营加速，北京和沧州允许夜间测试，并扩大开放道路测试范围。

目前，中国的无人驾驶技术已经走出了研发的初级阶段，正朝着生产和制造的方向发展。对我国来说，开发无人驾驶汽车的最佳和最合适的方法是将新的无人驾驶技术集成到现有车型中。同时一定要以循序渐进为标准，不可能直接完全变成自动无人驾驶，就好比自动挡汽车渐渐淘汰手动挡汽车一样，采用智能传感器、高性能控制系统、强大的主控汽车电脑，逐步取代人类参与驾驶，实现人机交互，完成智能无人驾驶。

我国的无人驾驶汽车企业研发结果显示了我国的优势和弊端。优势是在"十三五"的期间，我国政府在资金和政策支持上给了无人驾驶这样的新兴产业非常大的帮助和扶持，从 2010 年到现在，我国的无人驾驶技术已经取得了重大进步，已经看到量产的曙光。此外，中国本土汽车企业具有敏锐的市场意识，企业规模和收入相对稳定，更适合新型汽车产品的推广。有优势就有劣势，劣势表现在：一方面，不光是在无人驾驶领域，我国的企业生产效率普遍偏低，更重要的一点是作为世界强国的中国在无人驾驶研发技术上还比不上其他无人驾驶研发强国，对于尖端技术的掌握还不够充分。大多数主要原材料都是进口的，昂贵的研究基金的持续投入、高端技术和技能供不应求。数据采集设备的高成本也是一大问题。另一方面，中国的交通仍然严重拥挤，不遵守交通规则引起的汽车碰撞和追尾事故仍时有发生，特别是在汽车保有量较大的大中城市交通过于饱和，仅仅依靠无人驾驶技术并不能很大程度地减轻事故发生的可能，更何况无人驾驶汽车的全面普及需要很长时间。因此，寻找适应中国国情的无人驾驶发展道路迫在眉睫。

4. 车联网技术

车联网是物联网下的分支，其含义为由车辆位置、速度和路线等信息构成的巨大交互网络，通过 GPS、RFID、传感器、摄像头图像处理等装置，车辆可以完成自身环境和状态信息的采集；[①] 通过互联网技术，所有车辆可以将自身的各种信息传输汇聚到中央处理器；通过计算机技术，这些车辆的信息可以被分析和处理；计算出不同车辆的最佳路线，并及时汇报路况、安排信号灯周期。车联网技术的核心包括传感器技术、人机交互技术、射频识别技术、5G 技术、大数据与云计算以及信息安全技术。简言之，即以行驶中车辆为感知对象，通过车载传感器等感知周围环境和行驶信息，借助新一代的通信技术，实现 V2X（即车与车、路、人、基础设施、服务平台）之间的网络连接和信息交互。

从 20 世纪 50 年代开始研究的无人驾驶技术更多侧重于军方、企业、研究所对无人驾驶技术的研发，更多侧重于如传感器、摄像机、雷达等汽车上具备的部件，集中对现有车辆的改造和新造整车。而车联网技术直到 2010 年左右才被提出，至今也仅有 10 年的发展历史。

"车联网"是中国语义下的产物，也称为"智能网联汽车"，国外并无一个统称，而是细分在各个专业领域中，但并不妨碍"车联网"技术的发展。"车联网"一词第一次被提出是在 2010 年 10 月 28 日于无锡召开的中国国际物联网博览会暨中国物联网大会上。2013 年，"车联网产业技术创新战略联盟"（以下简称"联盟"）成立，联盟涵盖了移动通信公司、科研院所、汽车制造商以及软硬件制造、提供单位；2015 年国际上在车联网技术的应用上取得了重大突破，奔驰在国际消费电子展上发布的无人驾驶概念车已经配备了与人交互的功能，可以对人进行识别；同年 8 月，谷歌公司申请的路面坑洞追踪专利同样运用了车联网技术；在 2016 年，乐视车联网战略发布会启动，发布会中展示的产品——"乐视轻机车"就是运用车联网技术研制的人机交互功能产品；同年 4 月中国车联网应用产业大会在杭州举办，会议以"车联网应用与发展"为主题开展了交流；2018 年 2 月，交通运输部办公厅发布的

---

① 王燕，李永利.《物联网下车联网的关键技术及应用》[J]. 中国新通信，2016 (16).

《关于加快推进新一代国家交通控制网和智慧公路试点的通知》中提出的一个方向是"互联网＋路网综合服务"方向，为车联网发展提供保障；2019 年 7月，交通运输部发布《数字交通发展规划纲要》，推进车联网部署运用；2019年 9 月，中共中央、国务院发布《交通强国建设纲要》提出要加快对智能网联汽车研发的速度，这对车联网技术的发展是一大利好；在 2020 年 2 月，11部委联合发布《智能汽车创新发展战略》为车联网产业的未来发展框定了方向；迄今，如长沙 113 公里智慧高速、山东智能互联网高速公路测试基地、济潍高速等都运用了车联网技术，这一方面是要归功于政府对车联网的大力扶持，另一方面是由于 5G 等基础技术的迅速发展。2020 年多地出台相关产业政策和技术应用指导意见。

车联网技术与无人驾驶相辅相成，只有将无人驾驶技术与车联网技术完美结合，才能实现真正意义上的安全可靠的无人驾驶。近几年来，车联网及其相关技术的发展，为用户更安全高效到达目的地提供了保障，显著提高了车辆的智能化，而这也为无人驾驶技术的发展和完善打下了基础。[①]

5. 中外无人驾驶技术路线比较

在以下三个方面，国内外无人驾驶技术的发展仍存在重大差异：

首先，中国无人驾驶汽车的研发主体与国外不同。制造业的不同发展程度导致了产业结构的调整。国外涉足无人驾驶领域的一般是知名汽车公司和大型互联网企业，互联网企业包括谷歌、苹果和优步，车企则包括宝马、大众、奔驰、特斯拉等国际知名车企。但是中国的研发主体且投入大量资金的往往是高校和国防单位，中国的汽车产业往往会选择和这些主体共同合作，这在一定程度上增加了对无人驾驶技术研发的投入，目前大力发展无人驾驶的百度等是互联网企业，华为、腾讯、滴滴等也积极加入无人驾驶技术研发与推广。

其次，国内外无人驾驶的产业政策和法律推进程度不同。我国正在利用制度优势快速跟进法律法规和相关政策。美国在联邦和州层面积极出台立法推进技术研发和产业发展，德国、法国和日本等传统汽车产业大国也不甘落

---

① 周朝，郭淑清 . 浅析车联网在无人驾驶汽车上的应用 [J]. 内燃机与配件，2020（9）.

后。2017 年 7 月 27 日，美国国会众议院通过了《自动驾驶法案》。2018 年 3 月 3 日亚利桑那州允许无人驾驶进行上路测试。同年 4 月 3 日，加利福尼亚州宣布将开始接受驾驶座位上没有人类驾驶员的完全自动驾驶汽车上路测试的申请。2020 年 1 月，美国交通部发布了新的自动驾驶汽车政策《自动驾驶4.0》，提出整合 38 个联邦部门、独立机构、委员会和总统行政办公室在自动驾驶领域的工作，为州政府和地方政府、创新者以及所有利益相关者提供美国政府有关自动驾驶汽车工作的指导，主要包括优先考虑安全，保障、推动创新，确保一致的监管方法，促进行业参与者、联邦及各州地方政府、标准制定组织等主体之间的协作和信息共享，以确保美国在自动驾驶技术领域的领先地位。2017 年 6 月，德国联邦议会出台《道路交通安全法》第八修正案，积极鼓励自动驾驶汽车发展。英国修改了公路与交通的相关法律，而且陆续出台有关保险责任、税收、安检与交通法规的新法律。2017 年 2 月 22 日，英国政府出台全球首部涉及自动驾驶汽车保险的法案《汽车技术和航空法案》。欧盟 2020 年《通往自动化之路：欧洲未来出行战略》中的自动驾驶时间进度表，欧洲计划到 2022 年前实现所有新车均配备通信功能的"车联网"模式，到 2030 年步入以完全自动驾驶为标准的社会，目标是使欧洲在完全自动驾驶领域处于世界领先地位。

我国自动驾驶技术在国家层面和地方层面获得了一定的政策和法律支持。2017 年 7 月 8 日发布的《新一代人工智能发展规划》明确把自动驾驶汽车作为重点产业，提出地方先行先试，探索自动驾驶汽车的规制。2018 年 4 月 13 日，工信部、公安部、交通运输部联合印发《智能网联汽车道路测试管理规范（试行）》，对自动驾驶汽车道路测试的条件等做出规定。2020 年 2 月，国家发展改革委、中央网信办、科技部、工业和信息化部、公安部、财政部、自然资源部、住房城乡建设部、交通运输部、商务部、市场监管总局联合发布《智能汽车创新发展战略》，提出到 2025 年实现有条件自动驾驶的智能汽车达到规模化生产，实现高度自动驾驶的智能汽车在特定环境下市场化应用。

最后，国内外无人驾驶汽车的研发路线不同。我国无人驾驶方面的技术与美国、日本、德国、韩国等世界顶尖水平还存在差距，尖端技术掌握还不够，在技术上以引进国外先进技术为主，相对来说投入的人、财、物远远小于国外；而且目前国外无人驾驶是属于核心优先开发项目，导致相应的核心技术和关键部件被国外垄断。例如，在中国的无人驾驶汽车领域设计理念是：主计算机放置在汽车后备箱中，导航设备未安装在汽车车身上。通过感知周围环境的变化，信号被传输到车载计算机中，然后通过主计算机判断和分析，从而通过匹配控制系统实现无人驾驶。在未来，中国的无人驾驶技术将与国外融为一体。

虽然无人驾驶汽车产业发展迅速，但无人驾驶汽车技术仍存在各种问题。有许多问题需要解决：环境意识技术、导航定位技术、路径规划技术。未来无人驾驶汽车的研发、推广和使用将遇到一系列技术问题，如决策控制技术。但就目前而言，不少汽车企业对无人驾驶汽车的前景持乐观态度，人工智能和算法技术的进步以及基础设施通信系统的建设和完善最终必然推动无人驾驶汽车的发展。

（二）无人驾驶的发展趋势

无人驾驶对交通安全、出行效率、经济效益、产业升级都具有超高的效益，因此世界各国都开始积极发展自动驾驶技术。根据前瞻产业研究院发布的《无人驾驶汽车行业发展前景预测与投资战略规划分析报告》预测，到2035 年，预计全球无人驾驶汽车销量将达 2100 万辆。即使在这种规模下，整个无人驾驶汽车行业仍然处于起步状态，仅仅还是处于研发和内部测试阶段，商业化运营已在中美两国部分地区落地，但大面积的推广仍然比较困难。截至目前，真正意义上的全自动无人驾驶（L5 级）还未能大规模商业化，L3级和 L4 级的自动驾驶将在未来一段时间内占据主流。根据预测，L4 级自动驾驶汽车商业化程度到 2030 年将达到 11％，2035 年达到 37％，2050 年将会占据市场份额的 95％。随着技术的发展，L5 级无人驾驶汽车也将慢慢商业化，并在未来占据一定的份额。自动驾驶技术的发展促进了产业的融合，未来无人驾驶产业将包括传感器、服务器和芯片提供商、政府和高校、汽车制造商、科研机构、自动驾驶系统提供商、出行服务商、通信服务商等，在未来会形成一个超级产业链。

在应用路径上，无人驾驶汽车测试路段逐步从封闭园区—简单城市道路—高速—普通城市道路；测试天气从晴天—雨雪雾天—白天—夜晚；测试车辆也从无人货车向无人客运车转型、从公共交通到私家车。

在快速发展的信息时代，科学技术已经完全融合人类生活，科技已经成为引领生活方式的新风。无人驾驶汽车的技术进步已经不可阻挡，接下来的几十年里，无人驾驶汽车将逐渐融入人们的日常生活，改变人们旅行和日常出行的方式。未来的无人驾驶汽车市场潜力巨大，无人驾驶汽车即将市场化和规模化。

1. 无人驾驶与城市智能交通系统

未来的智能交通系统是车联网、智能交通信息网络以及无人驾驶汽车一体化的。无人驾驶汽车之间以及智能交通网络都可以通过车联网进行信息的交互，智能交通信息网络采用深度学习的决策算法，对车辆的路线进行整体的规划和协调，使得交通系统运行更有秩序，从而从根本上解决交通拥堵和汽车碰撞等安全性问题。我们可以设想未来的智能交通信息网络是由一个超级计算中心向下辐射为若干个中型计算中心，中型计算中心再向下辐射为若干个计算分支（如基础交通设施），基础交通设施可以通过车联网收集到附近无人驾驶汽车行驶的信号（包括汽车速度、汽车状态等信息）和行驶路线等相关信息，将这些信息向中型计算中心传递，中型计算中心会从中计算出汽车行驶的时间以及每条路线的汽车数量等，再将这些信息传递给超级计算中心通过决策算法进行优化和路线规划，再将优化的结果通过中型计算中心以及计算分支等传递给无人汽车，这样使得每辆无人驾驶汽车都可以得到一个相对其行驶目的地的最优化的路线方案，从而按照路线行驶即可。无人汽车的"独立行为能力"仅仅负责在道路上的避障、制动等即可，而不需要进行路线规划等更加复杂的计算。对于汽车安全问题，无人驾驶汽车可以通过沿途的基础交通设施获取到其他车辆的速度、行驶方向等相关信息，如果无人汽车判断其有可能和其他车辆相撞，那么就可以立刻制动，避免交通事故的发生。同时通过智能交通系统及时监控汽车状态，如果有汽车需要维修，只需传达指令到最近的维修站接受维修即可。对于危险因素可以提前预知并且进行预防，无人驾驶汽车的安全性比有人驾驶更高。

2. 无人驾驶的商业应用领域

昂贵的造价是无人驾驶汽车的一大特征，其中的激光雷达、传感器、人工智能系统、摄像头成本都很高，因此无人驾驶汽车在问世的时候，普通消费者很可能无法承受。所以无人驾驶率先应用在公交系统、网约车系统、货运系统、快递系统、外卖送餐系统以及为老年人和残疾人服务的行业。

(1) 公交系统

由于交通堵塞和城市污染，国家提倡绿色出行，但自行车和助动车等交通工具不适宜长距离出行，可以有效解决这些问题的无人驾驶技术必然会被应用于公交系统中。目前在公共交通领域，无人驾驶的地铁已经投入运营，如北京的燕房线全程无人驾驶，无人驾驶公交也已经投入使用，如由百度和厦门金龙共同研发的 L4 级无人驾驶巴士，在武汉已经正式运营；此外还包括深圳福田通过阿尔法巴智能驾驶公交系统运行的无人驾驶巴士。

目前，中国无人驾驶的领军集团之一——百度已经在多地推广无人驾驶技术应用。百度已获得多家当地监管机构的批准，可以在预定路线和开放道路上测试这些车辆，并希望在不久的将来推出这些车辆。在 2020 年 4 月，百度向长沙街头投入了 45 辆无人驾驶出租车，市民可以通过百度小程序进行呼叫。其他城市也在考虑让某些街区允许无人驾驶。根据推算，无人驾驶汽车能使出租车每公里的费用减少 40%。但是，要做好无人驾驶汽车和人工驾驶汽车的兼容，还需要城市规划部门和交通部门的合作，防止出现安全问题。

(2) 快递送餐和工业用车

快递送餐也是一个非常可能引入无人驾驶应用的领域。首先，相关技术已经在该领域运用，比如前几年兴起的快递机器人，本质上快递机器人就是无人驾驶，车辆在路上能自动规划选择最优路线，并能识别行人和红绿灯，保持以 15 千米/小时的速度行驶。严格来说，快递机器人只能走非机动车道，因此不能算是无人驾驶汽车，但至少证明了将无人驾驶运用到快递送餐业务的可能。其次，电子商务的迅猛发展给无人驾驶引入快递送餐业带来了契机，随着网上购物和电子商务网站的迅速崛起，人们喜欢在线订购食品，并在几小时内送到家中，采用无人驾驶技术进行快递送餐可以给快递公司和餐饮公司节约大量人力成本，相对于真人也可以规避更多的交通事故和纠纷。

工业用车领域引入无人驾驶技术。卡车占美国机动车辆里程的 5.6%，但占交通事故死亡人数的 9.5%。从数据中可以得出，首先无人驾驶排除了人为驾驶失误的可能性，这对交通事故死亡率的降级是有贡献的；其次，无需司机提高了经济效率。大型卡车通常价值超过 15 万美元，安装摄像机和传感器比小型汽车更具成本效益，所以在卡车这样的大型工业用车上安装无人驾驶系统非常有可能。截至目前，无人驾驶卡车已经投入使用。沃尔沃公司早在 2016 年就推出了沃尔沃 FMX 无人驾驶卡车，但只能在煤矿下进行工作；Uber 在亚利桑那州已经开始用无人驾驶卡车进行送货；戴勒姆公司在德国生产无人驾驶卡车，名为梅赛德斯—奔驰未来卡车 2025，通过电脑和传感器实现在公路上的自动驾驶；在我国的唐山港京唐港区集装箱码头，以 5G 技术为支撑的无人驾驶集装箱卡车已经投入使用。

（3）为老年人和残疾人服务

到 2050 年，中国的老年人口预计将占总人口的 33％，美国的老年人口预计将超过 8000 万，占总人口的 20％。在日本，到 2060 年，65 岁及以上的人口将占总人口的约 40％。残疾人市场也很庞大。例如，在美国，约有 5300 万成年人残疾，约占成年人口的 22％。大约 13％的美国成年人出行困难，约 4.6％的人有视力障碍。

老年人和残疾人由于年龄或身体原因导致无法开车或者开车不能保持注意力，没有能力驾驶普通汽车（往往违法），但是无须操作的智能车辆可以完美地解决这个问题。此外，政府也在积极推出适合老年人和残疾人的无人驾驶汽车，如日本珠洲市政府希望运用无人驾驶解决当地老年人出行不便的难题。根据谷歌的预测，未来老年人将成为无人驾驶汽车最大用户群体。

3. 无人驾驶的可见未来

（1）混合模型的时代：2021 年至 2040 年

未来 20 年，传统人力车和无人驾驶汽车将共存。鉴于每辆车的使用寿命为 10 至 15 年，我们可以预期这种单人无人驾驶状况将持续至少 20 年，这一时期的无人驾驶汽车旨在了解和处理传统的人力运输系统。

随着无人驾驶汽车的数量激增和交通系统的发展，交通信号灯、车道和停车标志将进一步配备道路传感器，以更好地协助无人驾驶汽车。无人驾驶汽车也不是完全互相独立，车辆间的通信可以互联，可以形成一个动态协调的驾驶系统。在这种背景下，连续生成大量数据将促进人工智能算法的不断修改和完善。

（2）无人驾驶时代：始于 2040 年

到 2040 年因为人类驾驶缺乏足够的安全性，人类驾驶将很少见甚至是非法的。那时，我们将迎来一个新的交通生态系统，其中所有车辆都处于人工智能模式，基于无人驾驶的自主交通运输将成为日常生活中的基础设施，就像供电供水一样。得益于改进的导航系统及检测道路和车辆磨损的传感器，传统汽车在道路上的事故数量将会从现在的每年 100 多万下降到几乎为零。

二、无人驾驶算法的问题

我们无法真正预测未来，因为科技发展并不会带来确定的结果。在享受无人驾驶新科技带来的新收益的同时，人类可能也面临该项新科技所带来的新风险。事实上，在人工智能的世界，即便是一些细微的疏漏，也可能足以产生让人无法预料的破坏性事故。我国《新一代人工智能发展规划》明确提出："人工智能是影响面广的颠覆性技术，可能带来改变就业结构、冲击法律和社会伦理、侵犯个人隐私、挑战国际关系准则等问题，将对政府管理、经济安全和社会稳定乃至全球治理产生深远的影响。在大力发展人工智能的同时，必须高度重视可能带来的安全风险挑战，加强前期预防与约束引导，最大限度降低风险，确保人工智能安全、可靠、可控发展。"通常而言，无人驾驶汽车所带来的风险无外乎存在于两个方面，一是汽车硬件系统引发的风险；二是汽车软件，即所谓算法系统引发的风险。不过，由于无人驾驶汽车是人工智能的重要应用产品，与传统汽车相比，无人驾驶汽车硬件风险因算法运用而加速放大。故而，在探讨无人驾驶算法问题之时，亦不应人为舍弃无人驾驶硬件风险的问题，而应进一步探索无人驾驶汽车硬件风险和算法问题之间的关联性。

（一）软硬件系统及平台功能的不确定性

在硬件方面，无人驾驶汽车依赖于高精度的数码相机、摄像头、激光雷达、毫米波雷达等不同种类的车载传感器回传的数据流来"听"和"看"，而车辆识别地理位置则是通过卫星定位系统和高清存储数字地图。客观上讲，经过几十年飞速发展，传感器套件的质量和价格已经基本可以满足无人驾驶的需要，然而即便如此，一些关键性组件的功能发挥仍面临极大的不确定性。比如：数码照相机和摄像机有可能在雨雪、扬沙、尘土、鸟粪、虫子等其他户外驾驶经常遭遇的挑战面前变得不堪一击；激光雷达的处理速度慢，不能及时提供紧急情况下计算机需要处理的瞬时影像数据，且部分雷达传感器会自动去除扫描结果中静态物体的数据记录，故而存在极大出错风险；毫米波雷达只能在特定狭窄的范围内开展工作，且分辨率较低。最后，由于大气环境中云、雨乃至雾霾等自然现象的干扰，卫星信号可能遭遇屏蔽或者延迟，导致运用卫星定位系统的结果出现偏差；而超声波的放射脉冲，也会产生城市峡谷效应（urban canyon effect）。上述设备和技术需取长补短，共同发挥作用。

在软件方面，无人驾驶汽车的操作系统包含数以万计的代码。代码的数量之大，以至于任何熟练的程序员也无法精准检索到其中的潜在漏洞（bug），只能依赖于永无休止的"补丁"程序。而"打补丁"的过程也是多种修改、添加程序的集合，修改之后的操作系统必然产生新的不确定隐患。

在系统平台方面，传感器平台、计算平台和控制平台构成软硬件结合的开放型系统形态。这意味着每一个硬件（比如轮胎、刹车、方向盘、传感器）都需要配备专门的软件驱动程序，以使该硬件与操作系统上的其他部分相互连接。不只这些硬件本身的问题，而且驱动程序都有可能引发系统崩溃。

在车联网通信系统方面，无人驾驶系统与互联网相连，即存在一个云端将分布于各地的无人驾驶汽车实体连接起来。各实体向云端上传本地驾驶条件数据的同时，也从云端接收数据并更新操作系统，这种大数据的交互大大增加了行为的复杂性和归因的不可预见性。

（二）算法深度学习的不确定性

作为人工智能产物的无人驾驶汽车，虽然不存在疲劳驾驶、饮酒、超速、超载等传统问题，但却因算法深度学习能力的提升而存在着新型交通事故安全风险。智能是人类社会本质的产物。事实上，人类的驾驶一向面临着不确定性的世界，人类正是通过智能来应对驾驶中的不确定性。"认识的不确定性，必然导致不确定性人工智能的研究。研究不确定性知识的表示、处理，寻找并且形式化地表示不确定性知识中的规律性，利用机器、系统或网络模拟人类认识客观世界和人类自身的认知过程，使其具有智能，成为人工智能学家的重要任务”。“人工智能学科发展了很多基于图灵机模型的形式化推理方法，通过模拟人在解决确定性问题时的机械步骤来解决具体问题，后来又逐步提出了一系列模仿人类学习行为的方法，着力把人的智能用图灵机表现出来，称为机器学习”。① 从这个意义上讲，将机器学习技术应用于无人驾驶，就是一种“拟人化”的技术运用，本质上是对人类驾驶员的智能的模拟。“当程序员有了强大计算力的设备和大量训练数据，他就可以编写一个机器学习软件，让机器根据手头的素材‘学会’自行处理，某些情况下，软件还可以学会应对不熟悉的新情景”。② 这样一来，一台具有自主学习能力的无人驾驶汽车，就并不是在被动执行程序员的预先命令，而是在不断学习并不断创建新的算法规则，从而大大超出其开发者的预期。

目前，自主学习技术已经在无人驾驶领域的几款应用程序中崭露头角，即通过识别道路常见物体来分析视频信号流产生的多个框架，并创造包括动态和深度感知在内的视觉特征（visual features）。当这种动态和深度的感知积累到一定的程度时，深度学习软件便可以引导无人驾驶汽车自主导航行驶，同时收集新的训练数据，形成稳定的数据流。而新收集的数据又被反过来用于训练无人驾驶汽车的深度学习软件，以提高物体识别的准确率，进一步改进无人驾驶汽车的性能，从而形成一种“良性循环”。不过，这种基于自主学习而产生的识别方式具有极大的不确定性。譬如：无人驾驶汽车已经可以识别人、自行车这类简单的物体，但无人驾驶系统可能还未必能够有效识别出骑自行车的人；又如在没有红绿灯的十字路口，无人驾驶汽车的自主学习将怎样判断交通优先权，以解决困扰多时的“四向停车难题”（four way stop）呢？这在当下都是存在不确定的难题。再如，在应对操作系统本身的漏洞时，漏洞不仅可以由人类程序员进行修补，是否也可以由某些具备自主学习和修正能力的无人驾驶汽车自身进行修改，这将引发严重的不确定性。

为了有效应对这种因算法深度学习带来的不确定性的挑战，至少在目前，

---

① 李佳毅，杜益多. 不确定性人工智能［M］. 北京：国防工业出版社，2014：287.
② 胡迪·利普森，梅尔芭·库曼. 无人驾驶［M］. 林露，金阳，译. 武汉：长江出版社，2017：96.

大多数国家的无人驾驶发展均遵循循序渐进的思路，即无人驾驶程序在难以驾驭危机的时刻，会通过"切换"程序将驾驶权交还给人工操作，然后，有关法律规制就可以在原来的框架下进行。比如，全球第一个许可无人驾驶汽车上路测试的美国内华达州，就曾经要求在测试时至少有两人在车内，并且其中至少有一人持有驾照。德国在 2017 年修订《道路交通安全法》的时候，虽然允许驾驶员有权在完全无人驾驶期间不亲自进行驾驶操作，但写入了应当承担相应的警觉义务和接管义务的条款，即在无人驾驶的过程中始终保持警觉，以随时处置突发情况，而在收到车辆接管请求，或者发现不适宜无人驾驶时，立即着手接管车辆。渐进式演变策略的核心要义在于，当有突发情况出现时，应该有警示或震动提醒驾驶员需立即坐回驾驶位以处理情况。这种向全自动化驾驶发展的渐进式进路可能看似安全合理，然而事实上，这种从部分自动化到全自动化的阶段式演进路线在人车切换之时存在高度的不确定性。这不仅因为上述难以驾驭的危急时刻往往猝不及防，而且在于"自主智能代理"会削弱人类的责任感，引发一种被称为"责任分散"的不确定性挑战。比如，谷歌最初的无人驾驶项目需要两位经验丰富的专业司机。坐在驾驶员座位上的人需要时刻保持警惕，并准备好在发生异常情况时采取行动。然而情况却非常不同，一些谷歌员工在回家路上，在一整天的工作后有一个令人不安的习惯：他们容易心烦意乱、受到干扰，甚至还可能在车上睡着。故而关于"切换"问题，越来越多的研究人员就一个观点达成了一致——无人驾驶在紧急情况下返回人类驾驶的问题也许根本无法解决。目前，谷歌公司现已转而开始研究制造一种新款的实验电动车，这些新车将彻底去掉方向盘、油门、刹车和换挡杆等现代汽车中的标准控制组件。也许把人类的命运交给深度学习的算法可能是人类在接受无人驾驶汽车的同时，不得不作出的选择。在安全员配备有条件自动驾驶车辆的情况，加强对安全员资质、培训、监督，以确保随时接受自动驾驶系统转为人工驾驶，以确保安全。

（三）系统被恶意攻击

无人驾驶系统可能被恶意攻击。由于需要收集储存信息进行智能决策并不断更新升级系统，无人驾驶汽车离不开网络，但一旦接入互联网就存在被恶意攻击的风险。事实上，当代码行数达到数以万计的时候，即使编写无误的程序也会产生崩溃的概率，更何况遭遇黑客攻击、病毒侵袭这类恶性事件，更会威胁到数据安全。目前，针对无人驾驶汽车攻击的方法五花八门，渗透到无人驾驶系统的每个层次，包括传感器、操作系统、控制系统、车联网通信系统等。第一，针对传感器的攻击不需要进入无人驾驶系统内部，这种外部攻击法技术门槛相当低，既简单又直接。第二，如果进入了无人驾驶操作系统，黑客可以造成系统崩溃导致停车，也可以窃取车辆敏感信息。第三，如果进入了无人驾驶控制系统，黑客可以直接操控机械部件，劫持无人驾驶汽车去伤人。第四，由于车联网系统连接不同的无人驾驶汽车，以及中央云平台系统，劫持车联网通信系统也可以造成无人驾驶汽车之间的沟通混乱。

在国际反恐形势日益严峻的当下，无人驾驶汽车可能会大大增加恐怖犯罪活动的风险。有组织的恐怖分子可能会寻求制造重大交通事故。无人驾驶汽车更容易隐匿大量易燃易爆物品，警方很难对无人驾驶汽车进行逐一监视。无人驾驶汽车更容易冲开阻拦，恐怖分子在隐蔽场所，就可操纵一辆或多辆车。从犯罪心理学的角度来看，当有无人驾驶汽车可以利用时，恐怖分子将更加胆大妄为，将更多地策划恐怖事件。难以想象一辆或多辆被恐怖分子控制的无人驾驶汽车在公路上横冲直撞的可怕场景。如果加油（气）站、危险物品仓库、化工厂等危险目标遭到无人驾驶汽车的恐怖袭击，不仅可能造成人员、财产的重大损失，还可能造成极其恶劣的政治影响。

不难推测，无人驾驶系统承担的任务越多，可能面临的潜在恶意攻击威胁就越多，造成的安全损失就可能越大。因此，保障无人驾驶系统不受未经授权的入侵与修改，是确保安全和增加公众信心的唯一路径。

依赖于网络数据的收集、整理与分析的智能道路基础设施如果出现故障，也将引发无人驾驶汽车的安全风险，所以无人驾驶汽车的算法安全也受制于网络基础设施的安全运营水平。网络安全不仅关乎无人驾驶汽车的安全运行，更关乎整个人类的生命安全。

（四）用户信息被过度收集处理

无人驾驶系统不仅会正当收集、形成大量信息以做出智能决策，而且还可能不当收集、存储公民个人信息，从而可能被相关主体滥用甚至非法交易，存在个人信息安全隐患，使用户的数字化人格和信息财产权被不当侵犯。无人驾驶系统包含多个数据处理系统，由于人工智能取代了人的智能，所以无人驾驶汽车需要收集大量的数据，以判断路况环境信息，自主控制车辆行驶。而且，为了不断优化算法、更新系统，无人驾驶汽车也需要不断收集相关信息。正是因为如此，在无人驾驶汽车行驶过程中，个人家庭住址、工作单位地址、单位名称、常去的休闲娱乐场所、常去的餐厅、车内通话信息等个人信息，很可能被无人驾驶汽车开发者、生产者、地图导航服务供应商等主体不当收集、存储并利用，使公民个人信息无法得到有效保护。如果车内装有视频监控装置，车内乘客的相貌、穿着、行为等也都会被记录。

所有种类的潜在数据使用者，都会对无人驾驶汽车用户的信息感兴趣。除了无人驾驶汽车开发者和交通运输研究人员，从事营销、广告和政治游说的团体，以及执法机构、情报机构，都会认为无人驾驶汽车用户的数据具有重要价值。大规模收集所有无人驾驶汽车用户的个人信息，导致信息与权力集中，可能引发严重的社会问题。在智能化社会中，如何重新界定隐私，并有效保护隐私，是人类所面临的新的伦理、法律和社会问题。对于国家来说，如果乘坐无人驾驶汽车的公职人员的身份职务、出行信息、通信信息等被采集、泄露，就可能危害国家安全。

（五）无人驾驶的伦理困境

随着无人驾驶汽车技术的不断发展，法律与伦理冲突日益受到重视，"电车难题"风险不断增大。"电车难题"是伦理学著名的实验，其内容为一个疯子把五个人绑在一条电车轨道上，把另一个人绑在相邻的另一条电车轨道上。前方一辆电车正要驶来。如果拉一下拉杆，让电车开到另一条轨道上，就可以只牺牲一个人的生命而保护五个人的生命。此时是否应拉拉杆？对于无人驾驶汽车来说，"电车难题"风险是客观存在的。无人驾驶面对"电车难题"主要存在以下几种典型场景：第一，行人与行人的冲突。如无人驾驶汽车左边是儿童或者青壮年，右边是老人或残疾人。第二，行人与车内乘客的冲突。如前面是即将相撞的行人，右边是悬崖，而车上的乘客人数多于即将相撞的行人的人数。第三，行人与动物的冲突。如左边是行人，右边是国家重点保护野生动物。第四，行人与财物的冲突。如左边是一辆破旧三轮车，右边是一辆高档小汽车，或公用供电设施。一旦发生这些场景，无人驾驶汽车会如何处理？

对于有人驾驶汽车来说，发生"电车难题"时，如何解决取决于驾驶人瞬间的价值取舍，或根本来不及判断。但对于无人驾驶汽车来说，应对"电车难题"，则需要开发者提前设计算法。因此，有效应对"电车难题"风险，无人驾驶"算法"至关重要。世界各国法律都在禁止无人驾驶汽车遭遇"电车难题"时进行所谓的价值判断。比如，德国联邦运输和数字基础设施部2017年发布的《自动化和互联化车辆交通伦理规则》明令禁止无人驾驶汽车在面临"电车难题"时进行价值权衡。"因保护使用者的生命法益，而侵害第三人的生命法益，只能被宽恕而不能被免除处罚""这就意味着刑法在违法性阶段附加给设计制造者一项义务，即不能为了无人驾驶汽车的使用者，而在车辆上设计牺牲第三人生命的程序"。从某种程度上讲，禁止就"电车难题"进行价值权衡的做法，实际上回避了将有关开展价值决策的权利义务分配及其背后的"自然法则上的人类形象"转换成无人驾驶系统的决策程序，而是通过禁止价值选择的指令，将这一难题转变成为要求无人驾驶汽车的设计者和生产者提供更为可靠的无人驾驶设备，进而确证了人类"免受自动化决策的权利"。

不过，即便法律作出如此禁止性的规定，尚不足以化解无人驾驶汽车带来的伦理困境，这在一定程度上与"算法黑箱"不无关联。"算法"并非绝对公正透明，"算法黑箱"可能会造成巨大的危害。信息技术革命导致了"算力即权力"的新现象，我们正进入"算法统治的时代"，算法在为人类带来福祉的同时，对权利的侵害更隐蔽、更多元。无论技术如何先进，人工智能在道德情感、伦理观念等方面都会存在很多局限，其决策结果是基于数据和算法的线性"思维"形成的。所以要想让无人驾驶车辆准确作出伦理判断，是非常困难的。倘若要将人类伦理转换成智能系统的决策程序和算法，其所涉及的权利义务（权责）关系将更是传统理论及其制度实践所无法回答和解决的，因此，理论和制度的创新迫在眉睫。

（六）交通事故损害赔偿问题

根据现有报道，无人驾驶汽车导致的严重事故已有若干起，其中有两起为 L4 级别无人驾驶汽车引发的交通事故。

一是 2016 年特斯拉汽车致驾驶人死亡的事故。2016 年 5 月 7 日，在美国佛罗里达州的高速公路上，特斯拉 Model S 车主 Joshua Brown 开启了无人驾驶功能 Autopilot 后，汽车迎面撞上了一辆正在转弯的 18 轮大卡车，车主当场死亡。美国国家运输安全委员会（NTSB）分析报告中称，导致事故的可能原因是车主不了解 Autopilot 功能的局限性，过度依赖汽车无人驾驶系统而注意力不集中，从而导致对卡车的存在反应不足。在其最后 41 分钟的旅程中，无人驾驶仪被启用了 37 分钟，Model S 车发出了六次警告，提醒司机把手放在方向盘上，特斯拉的仪表板也用视觉方式警告了司机七次。然而，司机的手在他的驾驶过程中有 90％以上时间是脱离方向盘的。事实上，该车型搭载的仅是自动辅助驾驶，并不具有识别大卡车的功能。

二是 2018 年优步（Uber）无人驾驶试验车致行人死亡的事故。2018 年 3 月，优步无人驾驶汽车在美国撞击一名行人致其死亡。NTSB 于 2018 年 5 月 24 日公开发布关于上述事故的初步调查报告。报告未说明车祸原因及最终结论，只阐明以下事实：对于车辆而言，根据自动驾驶系统获得的数据，该系统在碰撞前约 6 秒，即车辆以 43 英里/小时的速度行驶时，首次记录了行人的雷达和激光雷达观测结果。随着车辆路径和行人路径的融合，自驱动系统软件将行人分类为未知对象、车辆，然后分类为对未来行驶路径具有不同期望的自行车。在碰撞前 1.3 秒，无人驾驶系统确定需要紧急制动操作来减轻碰撞。据优步介绍，在车辆由电脑控制的情况下，紧急制动操作没有启用，以减少车辆不稳定行为的可能性。数据还显示，碰撞发生时，无人驾驶系统各方面运行正常，没有故障或诊断信息。对于操作员而言，无人驾驶系统数据显示，车辆操作人员在碰撞前不到一秒钟就通过接合方向盘进行干预。碰撞时车速为每小时 39 英里。撞击后不到一秒钟，操作员就开始刹车。对于行人而言，前视视频显示行人进入视野并进入车辆路径。视频还显示，行人直到撞击前才朝车辆方向看。行人的毒物学测试结果为甲基苯丙胺和大麻阳性。后续各项调查与报道显示，该事故发生与优步激进的测试策略有关，L4 系统没有在夜间识别出行人，安全员亦因疏忽而未及时发现行人并接管车辆。

这两起无人驾驶汽车严重事故均发生于美国。就现有的无人驾驶汽车事故而言，虽然无最终详细的责任认定报告，但从目前 NTSB 官方部门的初步报告及新闻报道来看，均未要求无人驾驶厂商承担责任。通过事故分析，其发生原因基本在于人类的失误，或是因为操作员注意力不集中等违规操作，或是因为行人不遵守交通规范和安全员失职。2015 年，密歇根大学交通研究所的一项研究声明，无人驾驶自诞生到该项研究发布之前，无人驾驶汽车在碰撞事故中未出现故障。故而在事故责任认定分析方面，目前并未将有关责任波及于无人驾驶汽车设计者、制造者身上，而仍然聚焦于司机或者第三人的过错方面，并未跳出传统道路交通事故责任的认定方式。

　　不过，如果延及对过错责任的深入讨论，则会发现仅仅适用过错责任体系将无法对无人驾驶汽车的事故责任作出判断。一方面，无人驾驶汽车本身暂无法作为过错责任的承担主体。另一方面，在无人驾驶条件下，由于存在前述所谓"算法黑箱"的问题，导致即使是设计者可能也无从知晓系统如何进行决策。行为和决策的不透明性和不可解释性带来的直接结果就是，当无人驾驶汽车造成交通事故时，人们将很难查明事故背后的原因。即使法律要求算法必须公开、透明，或者可以在法庭上对智能机器人的算法系统及其决策进行交叉询问，但在追寻因果关系链条时，由于涉及复杂的专业技术，技术专家须根据大量的数据顺着多变的算法反向追溯，即使能追溯到，司法成本、监管成本等考量因素也使得因果关系链条的寻找更加困难。虽然在理论上可以通过数据记录追踪到源头，但是个人信息保护、隐私问题、商业秘密等会使该过程复杂化。

　　可能无法有效承担责任，是公众对无人驾驶汽车普遍比较担心的一个问题。但是其实通过产品质量责任，是可以填补智能汽车事故中受害人的损失的。随着无人驾驶汽车技术等级的提升，大多数控制功能转交给智能系统，责任会从驾驶人转移到车辆，责任承担人也会从驾驶人转移到产品生产者。特别是在完全无人驾驶的阶段，由于已经没有驾驶人来监控驾驶，故而必然对无人驾驶系统的安全可靠性提出更高的要求，并让生产者为之承担产品质量责任。从实定法上看，上述观点已被德国新修改的《道路交通法》等西方国家立法所采纳，并在我国《上海市智能网联汽车道路测试管理办法（试行）》等国内地方规范性文件中被规定，可将其认为是无人驾驶汽车侵权责任的"基础模式"。《中华人民共和国民法典》侵权责任编的规定可以作为无人驾驶责任判定的法律依据，第一千二百零八条规定，机动车发生交通事故造成损害的，依照道路交通安全法律和本法的有关规定承担赔偿责任。第一千二百零三条规定，因产品存在缺陷造成他人损害的，被侵权人可以向产品的生产者请求赔偿，也可以向产品的销售者请求赔偿。

不过，即使是作为消费者保护导向的产品责任，在面对无人驾驶汽车侵权时也还存在一定的效益难题，需要平衡产业利益和消费者利益之间的关系。首先，承担责任主体的多元化。传统汽车的产品责任是由汽车的硬件制造商来承担的。而就无人驾驶汽车而言，有关汽车硬件依赖于软件（操作系统）和硬件的共同运作，而有关软件系统的作用可能明显高于硬件。在这种情况下，谁来承担产品责任是一个问题。由于生产者、设计者、维护者之间责任的分配依赖合理细致的规则，特别是考虑到生产者、设计者、维护者责任的鉴定将花费较大的时间成本，故而在多元主体的背景下适用产品责任需细化规则。其次，引起责任的事实查明难度加大。法律上产品责任的逻辑前提在于，任何损害都可归因于生产者的在先生产行为。不过，传统的产品责任主要是针对工业时代的产成品，这种产成品风险的可预见性还相对较高。对于传统的机器而言，其质量与用途由生产过程决定，机器终其"一生"都在生产者所安排的路线上运行。相反，无人驾驶汽车则不同——人机共生，无论网络结构还是公众行为都带有很多的不确定性，这些都无法通过图灵机描述，生产者无法完全预先部署其工作内容。特别是在离厂之后，由于无人驾驶汽车还在快速学习和成长，因此它的工作表现并非可由当初的生产者完全预料与控制。这种不可预料性或许与生产者的技术有关，或许可归因于未来本身的不确定性，当无人驾驶汽车发生事故、造成损害，而事故本身又难以解释或者不能合理追溯到设计缺陷或者制造缺陷，或者损害是因人工智能系统难以为设计者所预测到的特殊经历造成的，此时，让设计者和生产者承担责任将可能过重增加其负担。最后，与产品责任相关的责任保险制度在适用上也存在困难。无人驾驶汽车所引发的交通事故可通过保险机制赔付，德国新修订《道路交通法》和英国新修订《汽车技术和航空法案》中也提出设立专门的保险制度以应对无人驾驶事故。不过，对于保险公司而言，作为工业标准化产成品的传统汽车的责任保险的赔偿成本是相对可以预见的。而在无人驾驶时代，有关风险存在高度不确定性，保险赔偿的成本结构将被很大改变，传统的"产品责任＋保险分担"的方式是否可行，需要理论和制度的创新与探索。

可见，现有法律体系下传统的产品责任、侵权责任、消费者权益保护、汽车保险赔偿等制度，存在或多或少无法完全适用于无人驾驶汽车的情况，法律制度升级迭代势在必行。

三、如何规制无人驾驶算法

无人驾驶，法律先行。科技越发达，带来的风险也就可能越大。技术中立并非指技术可以脱离法治。为了有力保障路人的权利，并有效维护道路交通公共秩序，应当对无人驾驶汽车进行有效的法律规制。

（一）科学设定无人驾驶技术标准

应当科学设定无人驾驶技术标准，不断完善无人驾驶汽车许可与市场准入制度。由于驾驶行为属于直接涉及公共安全、人身安全、财产安全的特定活动，所以不管是人类驾驶，还是机器驾驶，在没有达到绝对安全可靠的条件下，设立行政许可是必不可少的环节。由于无人驾驶汽车质量可能千差万别、良莠不齐，如果允许所有无人驾驶汽车随意上路，不仅会带来巨大的安全隐患，而且还可能导致无人驾驶汽车的无序发展。因此，法律应当设立科学合理的标准。只有符合相应标准与条件的无人驾驶汽车，才被允许出厂后合法上路。在科学设定无人驾驶技术标准的时候，可能需要回应下述几个问题：

一是通过技术手段将过去附设于人的行为规范内化于无人驾驶汽车标准之中。在主客体二分的人类驾驶汽车的时代，立法通过对人和车分别附设规范，来实现法律所要求的秩序。总而言之，一方面，通过立法创设技术标准来为车辆的安全和性能度量；另一方面，更重要的是，立法者通过法律规则和法律原则对法律行为及其后果进行评价。比如，法律要求人类司机的驾驶行为应当是正当的。正当性原本是对驾驶人的行为评价，当面对危险时，每个人的心里都会衡量风险与收益的关系。在日常驾驶过程中，人类司机持续地做出一连串衡量生命和财产价值相关的决定。只不过，在以往的社会生活规范中，立法者通过对法律行为及其法律后果的谴责，在一定程度上替代了对利益权衡的道德审判。而在人机共生的无人驾驶情景中，无人驾驶汽车的决策来源于程序员提前设置好的程序，即算法。因此，最关键的问题并不是无人驾驶车辆是否有道德，而是预先设置的车祸处理算法的伦理和逻辑是怎样的。除了公开算法的基本要求，法治的公正应该考虑技术变革所带来的新问题，这意味着智能互联网时代的法律规制，需要更多地采用技术主义路线和策略，把法律规制转化成与之对应的法律技术化规制，即把原来人车二分的技术标准和行为规范转换成为合二为一的技术化的行为标准。通过加强立法者与代码作者的合作，主动进行法律编码化的研究和实践，辅之以构建技术公平行业规范，对当前互联网代码的可变和空白之处作出选择，通过构建以代码为基础的论证和决策的计算模型，以代码化的行为标准方式主动保障无人驾驶的算法正义。

二是更多重视相对化的技术标准。总体而言，传统意义上的人类驾驶汽车是以硬件为主体的工业产成品。硬件系统大多可以通过力学、光学、电学乃至声学等物理评测方法评价其性能。故而，世界各国政府均通过设定技术标准的方式对传统汽车的各项硬件指标及功能指标进行准入规定，以保障其满足公共安全、人身安全和财产安全的特定要求。以我国为例，由工信部牵头，协调国家标准化管理委员会、交通运输部、公安部、质检总局（市场监管总局）、国家认证认可监督管理委员会制定了为数众多的汽车标准。比较典型的安全性技术标准有汽车前照灯配光性能（GB 4599－1994），汽车前雾灯配光性能（GB 4660－1994），客运汽车用冷弯型钢尺寸、外形、重量及允许偏差（GB/T 6727－1986），货运汽车用冷弯型钢尺寸、外形、重量及允许偏差（GB/T 6726－1986），汽车和挂车侧面防护要求（GB11567.1－2001），汽车和挂车后下部防护要求（GB11567.2－2001），等等。这类标准往往有一个共同特点，就是基于实验数据和统计概率，能够获得一个大体上确定的标准值。以汽车悬架用空气弹簧气囊标准（GB/T 13061－1991）为例，该标准要求"5.4 气囊 24h 的内压降不得超过 0.02Mpa；5.5 气囊的破坏内压不得低于 2.00Mpa；5.6 气囊帘布层间的黏附强度不得低于 6kN/m；5.7 气囊的台架寿命不得低于 300 万次"等。我们不妨称之为绝对标准。相比之下，无人驾驶汽车则要有一套满足安全要求的软硬件标准，对无人驾驶汽车的软件和计算能力，以及硬件传感器的数量和类型作出规定。与人类驾驶汽车相同的是，无人驾驶汽车的硬件标准是可以通过绝对标准予以规范的，而无人驾驶汽车的软件标准，特别是人机共生和自主学习而产生的功能性标准则是无法用绝对值表示的。因此，设计无人驾驶汽车的准入标准无疑是复杂的。为了解决标准不确定性问题，可以引用相对标准的概念。即提供一个参照物，以确定无人驾驶汽车性能与该参照物性能的比值。比如，从无人驾驶汽车的市场化来看，无人驾驶汽车与人类驾驶汽车始终存在着安全性竞争。而人机共生的无人驾驶汽车的可靠性可以进行量化，标准就是它在毫无人工干预的情况下可以安全运行的里程数。为此，我们不妨设计"人类安全系数"这个相对值指标。一辆无人驾驶汽车如果单独无事故行使的里程数两倍于人类驾驶的平均水平，则可以称之为"人类安全系数 2.0"，以此类推。再如，目前各国对于无人驾驶汽车的准入基本上采用"一刀切"的方法，然而，无人驾驶汽车的用途不同（比如客车与货车，乘用与商用）、种类不同、大小不同、作用的道路情况不同（比如高速公路，还是复杂的城市道路）以及自动化和智能化的程度不同，可以为不同层次的无人驾驶汽车分别设置准入，避免"千车一面"，最终阻碍无人驾驶汽车的商业化。

三是在无人驾驶标准获得过程中充分考虑和平衡民主与科学两种因素。与其他领域的准入标准一样，无人驾驶准入规制的全过程涉及科学的判断与价值的衡量，故而，在准入取得的方式上，需要通过制度设计充分融合理性与民主的双重考量。一方面，要认识到公众参与不足以消除社会固有偏见。一个越来越为人们所公认的现象及其困境就在于，社会公众在判断影响自己健康、环境等具有潜在危险的问题上常常被"偏执和人为忽略"的综合症所困扰。大量的资源被消耗在并不棘手或者凭空臆测的危险上，而巨大且证据确凿的风险却没有被得到应有的关注。普通公众由于缺少必要的知识，缺乏完整的信息，且过度依赖不理性的直觉，通常得不到理性的风险判断和认知。特别是在判断无人驾驶汽车这类本身极不确定，又直接关乎人身乃至生命安全的情景时，由于有关生命和人身的风险是内生于社会甚至内生于生命本身的，普通公众对此难以作出客观的判断，也就无法进行思虑成熟的全面评估。他们的畏缩不前、顾此失彼不仅无助于共识性的无人驾驶准入标准的生成，而且将极度阻滞整个产业的创新发展。另一方面，同样要认识到专家理性也不足以化解无人驾驶的难题。公众参与的劣势恰是专家理性的优势。专家拥有足够的专业知识，掌握相对完整的信息，且与公众相比更为理性，有能力通过一套科学的方法得出更为可靠的判断。主张专家在无人驾驶汽车准入标准制定过程中发挥比较优势并不为过，但单纯依靠部分专家或完全倚赖专家理性也是行不通的。① 无人驾驶汽车的风险本身就是在现代化进程中产生的，风险与科技的发展如影随形，人们无法通过科学理性和知识储备来控制这样的风险，甚至出现知识越多、控制越强、不确定性风险就越大的悖论。更有甚者，由于规制机关既必须维持与有关产业的合作关系，又醉心于最大化对有关行业的行政控制，且实际难以保持超然中立的规制地位，使得行政政策往往会产生某种"系统性偏见"，进一步消解了专家理性的神话。基于"正—反—合"的哲学逻辑推演，无人驾驶标准的获得应充分考虑和平衡民主与科学两种因素。一方面，既要考虑科学，以使得在制定准入标准时尽可能掌握更多的信息，并根据这些信息作出尽可能理性的专业判断；另一方面，又要考虑民主，把准入标准的制定与整体的社会偏好和社会对待无人驾驶技术的价值观结合起来，从而夯实准入标准的合法性基础。

（二）规范智能决策算法

算法权力需要被规制。有效治理算法，是人工智能良性快速发展的关键。无人驾驶汽车是人工智能的重要表现形态，而人是人工智能的总开关，所以规制无人驾驶技术，本质上属于规制人。算法成为信息时代的核心，但"算法不是王法""算法正义，已成为直接影响商业交易和社会关系的重要问题。"②

一是要确立"人在回路"（Human-in-the-Loop）的算法设定思路。回溯计算机科学发展的历史，始终有两个拥有各自独立的传统、价值观和优先顺序的技术圈子在互相交锋、相互竞争。一个是人工智能（AI），另一个是智能人工（IA）。前者一再警告机器终将取代人类，而后者则是以人类为中心，扩展人类的能力。不论科技界在对待人工智能的态度上存在怎样的分歧，"以人为本"是无人驾驶系统内在的正当性要求。无人驾驶汽车与其他的人工智能

---

① 哈耶克. 法律、立法与自由（第一卷）［M］，邓正来，张守东，李静冰，译. 北京：中国大百科全书出版社，2000：11-12.
② 参见张山. 智能互联网时代的法律变革［J］，法学研究，2018（4），20-38.

一样，最初只是一种被灌输了程序员为达到特定目的而编写的代码的物体，但由于迄今为止的无人驾驶系统都毫无悬念地被输入了人类的知识、建模和算法，具有自主学习能力并能够模拟人的驾驶智慧、驾驶行为，因此，无人驾驶系统就大大超越了以往没有灵性的机器，进而形成人机共生的驾驶环境，其在给我们带来无尽欣喜与期望的同时，也逐渐挑战着我们既有的法律、伦理与秩序。无人驾驶的发展并不能以技术中立为由来回避可能存在的价值偏好、商业利益以及社会风险。无人驾驶技术开发者在设计算法时，应当遵守基本的社会伦理道德，消除歧视观念，遵守平等原则。应以有利于社会福利最大化而非利润最大化为理念，坚持无人驾驶技术社会效益与经济效益的统一，摒弃功利主义。应当把人类生命安全放在至高无上的位置。人是目的，不能成为手段，而且不能以牺牲少数人而保护多数人的生命。德国2017年发布的《自动化和互联化车辆交通伦理准则》，确立了无人驾驶的20个伦理准则，指出在技术可预测与可控制的范围内，可以牺牲对财产、动物的保护，以确保人的生命健康受到最小损害，但是，"撞一个人去救更多的人"的做法是不被允许的，每一个个体都是"神圣不可侵犯的"。正如我国《新一代人工智能发展规划》所要求的那样，应当将"人在回路"作为研究有关混合增强智能的限定性条件。①

二是要在一定限度内打破"算法黑箱"，为责任承担扫除障碍。2017年，纽约议会通过了《算法问责法案》，要求成立一个工作组，由自动化决策系统专家和公民代表组成，专门监督算法的公平和透明。因此，设计无人驾驶算法后，无人驾驶汽车的设计者和生产者还负有算法解释义务。在不严重影响商业秘密的前提下，应打破"算法黑箱"，完善算法解释。尽管算法解释具有很高的难度并有不确定性，算法解释仍具有不可替代的实践效用性，可以矫正信息不对称，节约交易成本，保障意思自治，合理分配合同风险，并有利于当事人在遭遇算法歧视和数据错误时寻求有效救济。不过，由于算法的解释义务和逆向反推过程多少还存在着个人信息、商业秘密泄露的风险，因此，还要通过一定机制处理好算法逆向反推过程中的数据安全问题。

---

① 崔俊杰. 自动驾驶汽车准入制度：正当性、要求及策略 [J]. 行政法学研究，2019（2）：90 - 103.

（三）加强对用户个人信息的保护

无人驾驶汽车可能侵犯的个人信息，可能不只包括传统意义上的隐私信息。即使是一些已经公开或半公开的个人信息，例如家庭住址、工作单位等，也不能随意被收集与处置。我国《民法典》第一百一十一条确立了对个人信息安全的保护，这不仅具有宣示作用，而且还可以为个人行使和维护信息权利提供明确的指引。目前，《个人信息保护法》正在征求意见，将为个人信息保护提供指引。

一方面，法律应当明确无人驾驶汽车收集个人信息的范围与种类，明确收集、存储、使用条件及传送方式，厘清信息损害责任的承担方式及大小。使得无人驾驶汽车的开发者事先更清楚哪些个人信息可能被收集，以积极承担责任，主动设计信息保护技术。

另一方面，向公共机构等第三方主体提供数据时，应当严格遵守法定条件与程序。无人驾驶系统应当将存储的信息在适当期间内删除。德国新修订的《道路交通法》第 63a 条规定，一般情况下自动驾驶汽车所存储的数据，应当在 6 个月之后删除，但涉及相关交通事故的数据，应当在 3 年后删除，以便于诉讼。用户应当按法定条件将数据提供给相关政府部门，如果提供给以事故研究为目的的第三方，应当做匿名处理。美国《自动驾驶法案》要求制造商应当制定隐私权保障计划，明确数据的收集、使用主体，明确收集数据应当最小化、去识别化，明确车辆转让后的数据删除方法。

需要注意的是，对无人驾驶个人信息的保护，应当充分结合人工智能的特点。在人工智能时代，人机可以实现一定程度地实时交流与互动，个人信息保护的通知与同意等机制也应当有所改变。在智能时代，对于具有高度连接性的无人驾驶汽车来说，信息收集同意权、隐私管理、有意义的迅速互动需要被重新理解。另外，在个人信息能够被众多的独立主体快速共享的环境下，有必要减少目前存在于用户与信息收集者之间的信息不对称。另外，在恶意攻击的防范方面，应当对无人驾驶汽车遭受恶意攻击的特点和相关措施进行全面研判，设计与反恶意攻击有关的无人驾驶汽车系统，如易燃易爆物品检测装置、重要路段的检测拦截设施、应急反应系统等。

（四）合理分配无人驾驶的赔偿责任

自动驾驶汽车是人工智能的重要应用，会带来显著的社会与经济效益。尽管自动驾驶技术具有巨大的社会价值，但侵权责任问题将最终决定其市场化进程。像历史上许多新技术的发展那样，法律需要在消费者、制造商与受害人之间进行微妙而细致的利益平衡。在处理无人驾驶汽车这一新生事物所导致的交通事故时，侵权法除了要发挥传统的填补损害的作用，也要注意责任的设置和分担机制不要阻碍新技术的推广和应用。从趋势上看，民事责任体系在自动驾驶时代将逐步演变，即从过去以汽车使用者的过错侵权责任为主向产品责任端转变。不过，为了解决传统的产品责任在适用自动驾驶领域时产生的龃龉，需对传统责任制度进行改造。对此，可以有不同的方案。

一种方案是更利于促进产业发展的方案，即为自动驾驶汽车创设独特的豁免规则。产品责任适用的主要难题是产品责任引发的效益难题。如果过于强调对消费者的保护，而对生产者科以过于严格的无过错责任，无疑会打击生产者尤其是技术人员的研发积极性，最终可能妨碍自动驾驶汽车的推广应用。为此，在自动驾驶汽车产业发展的过程中，需要就产品责任进行一定的调适。众所周知，疫苗对促进整个社会的健康利益十分重要，但存在不可预见的风险。在传统上，美国就拒绝对疫苗适用设计缺陷的侵权责任，因为他们认为疫苗具有"不可避免的不安全性"。又比如，为了平衡推广预防接种所惠及绝大多数人的公共利益与少数人群承担的预防接种异常反应风险，世界上多数国家都制订了疫苗接种异常反应补偿计划，对于因疫苗接种而发生异常反应的受害者给予一定的补偿救济，以体现公平。借鉴此种方案，可以为自动驾驶汽车也创设独特的豁免规则，对于自动驾驶汽车引发的侵权责任损害，只要汽车符合一定的标准，则对其进行免责。

另一种方案则是更利于保护受害者的方案，即适用高度危险责任。国外有学者将自动驾驶定义为侵权责任法中的"高度危险责任"。高度危险责任，是加害人因所从事的对周围环境有高度危险的作业或所管理的对周围环境有高度危险的对象给他人造成损害时应当承担的无过错侵权责任。这一责任的理论基础主要在于"危险责任说"，这种危险不仅在于潜在加害人所从事的活动或管理的对象具有外部致损的可能性，更在于损害的高度严重性和危害广泛性，而且潜在受害人对此几无防御之道。根据《中华人民共和国民法典》侵权责任编第八章，高度危险作业责任适用的范围包括针对"民用核设施""民用航空器""高空、高压、地下挖掘活动""高速轨道运输工具"等的高度危险作业，以及对"易燃、易爆、剧毒、高放射性、强腐蚀性、高致病性等高度危险物"的管理而造成的损害。在侵权法的视野中，高度危险责任的适用前提不一定是该种行为引起危险的可能性高，而更多地考虑事故后果的严重程度。由于高度危险责任不需要以产品缺陷为前提，得以更大程度保护受害人利益。

事实上，上述第一种产品责任适用思路的好处是表面上清晰明断，从而将准入标准与产品责任相互勾连。不过，对于自动驾驶汽车而言，符合一定的标准未必意味着没有缺陷。而如果采用第二种思路，又可能因为自动驾驶产业负担过重的义务，从而阻滞产业的发展进化。为此，为符合一定标准的产品设置免责事由是必要的，但应对受害者的损失进行补偿。故而，应当为自动驾驶汽车设置专门的责任保险，以便及时高效地救济受害人，分散事故风险。当然，有关保险行业应当对传统汽车的保险方式作出改变，从传统的以保护个体消费者为中心为其提供免受驾驶失误风险的服务，转变为以保护制造商为中心为其提供自动驾驶汽车产品故障风险的服务。此外，还可以进一步考虑建立自动驾驶汽车侵权责任赔偿基金，并将其作为强制保险制度的补充。这实际是一种双层次责任保险框架（a Two-Tiered Insurance Framework）。即一方面，赔偿基金可以弥补未被保险覆盖的损害，保障社会公平；另一方面，赔偿基金可以作为限制制造商责任的一个条件。对于被赔偿基金覆盖的智能机器人，其制造商仅承担有限责任，财产损害的赔偿责任以该基金为限度。赔偿基金则作为有限责任承担的配套措施，进一步弥补相关损失。

第五章　算法时代的个人信息保护

当世界开始迈向大数据时代时，社会也将经历类似的地壳运动。在改变人类基本的生活与思维方式的同时，大数据早已在推动人类信息管理准则的重新定位。然而，不同于印刷革命，我们没有几个世纪的时间去适应，我们也许只有几年时间。

——维克托·迈尔—舍恩伯格（Viktor Mayer-Schönberger）、

肯尼斯·库克耶（Kenneth Cukier）

一、数据喂养下的"算法统治"

人类迈向"算法统治"时代的主要标志在于，越来越仰赖算法帮助或代替我们做出决策。如今，算法不仅在产品、娱乐、金融、保险等商业领域的决策过程中占据主要地位，而且日渐成为执法资源分配、罪犯危险性评估、救济金发放等政府决策的参与者。

从技术面向观之，算法与数据属于一种双向互动关系，二者既相互依赖，也相互促进。数据中隐藏的价值需要借助算法模型来挖掘，算法应用的前提条件是输入海量数据。只有基于足够的数据输入，算法尤其是具备机器学习能力的"人工智能算法"，才能帮助我们做出选择或决策。同时，算法学习能力的提升也需要大量数据的支撑，进行反复测试，以增进预测准确性。甚至可以说，数据的多少比算法本身的好坏更为重要。"大数据的简单算法比小数据的复杂算法更有效"。[①] 申言之，在算法统治时代，掌握相当规模的数据尤为关键。世间万物的数据化正日渐成为算法统治时代的另一个标志。与过去自上而下的信息收集不同，如今几乎所有信息都是自下而上生成的。互联网、传感器、物联网等技术的革新，让我们每一个个体就像是嵌入信息生态系统

---

① 维克托·迈尔—舍恩伯格，肯尼斯·库克耶. 大数据时代：生活、工作与思维的大变革［M］. 浙江：浙江人民出版社，2013.

中的一个个感应点，永不间断地形成数据流。不论是姓名、性别、联系方式、消费记录、饮食习惯、活动轨迹，还是心跳、脉搏、步态等身体信息，抑或性取向、犯罪记录、病历等带有私密性的信息，均可能会留在虚拟世界里。

大数据掌握者们借助越来越智能化的算法分析和利用着我们自下而上生成的数据，影响甚至改变了我们的生产方式、消费方式和社会关系。这在商业领域表现得淋漓尽致，将用户个人信息视为关键输入变量的商业模式已逐渐被企业接纳。[①]人们在享受智能算法带来的诸多便利时，也越发担忧个人信息被滥用和泄露问题，以及随之可能面临的被骚扰、诈骗、信用卡盗刷等侵害风险。[②] 在人工智能深入人们生产生活的算法时代，个人信息还能不能得到保护，抑或个人信息的范围在新的历史背景下本身就发生了变化，我们得放弃能够在工业社会所实现的个人信息保护的"痴想"吗？个人信息保护与算法福祉或算法统治本身矛盾吗？进一步讲，以告知同意为基础的个人信息保护机制是否还足以应对可能的风险吗？如何建构或完善个人信息保护制度，实现个人信息保护与利用之间的平衡呢？

二、从隐私保护到个人信息保护

（一）个人信息保护与隐私保护的区分

谈及个人信息保护问题，人们往往会追溯至隐私保护。目前学界对个人信息保护与隐私保护之间存有诸多差别已基本形成共识。[③] 2017 年《中华人民共和国民法总则》（以下简称《民法总则》）也肯认了二者的差别，在第一百一十条和第一百一十一条分别对隐私保护和个人信息保护加以规定。承接《民法总则》的区分，2020 年 5 月 28 日，第十三届全国人民代表大会第三次

---

① 阿里尔·扎拉奇，莫里斯 E. 斯图克. 算法的陷阱 [M]. 余潇，译. 北京：中信出版社，2018：30.

② 根据安全情报供应商 Risk Based Security（RBS）的统计，2019 年 1 月 1 日至 2019 年 9 月 30 日，全球披露的数据泄露事件共 5183 起，泄露的数据量达到了 79.95 亿条记录。不论是社交平台、电商平台、招聘平台等互联网企业，还是医疗、金融、教育等公共服务机构，抑或政府机构，均有可能成为窃取数据的目标。

③ 参见王利明. 论个人信息权的法律保护：以个人信息权与隐私权的界分为中心 [J]. 现代法学，2013（4）.

会议审议通过的《中华人民共和国民法典》"人格权编"将隐私权与个人信息保护也置于同一章（第六章），对二者的内涵、范围和保护方式分别作出了细化规定。从这一体例安排来看，立法者不仅强调隐私和个人信息的区分，也意在说明二者的相关性。

个人信息与个人隐私之间的主要关联在于，二者存在重叠交叉的部分，即涉及个人私生活领域，私密性较高，以至于个人不愿意被他人所知晓的信息，如犯罪记录、病历等。从个人信息保护范围来看，这部分信息属于"个人敏感信息"范畴，个人信息保护规范往往会将这部分信息区分于姓名、性别等公共性较高的一般个人信息。譬如，作为我国首个个人信息保护国家标准，《信息安全技术公共及商用服务信息系统个人信息保护指南》（GB/Z 28828-2012）即在界定个人信息的基础上，对个人敏感信息与个人一般信息作了区分。[1] 从隐私权保护范围来看，这部分信息被表述为"私密信息"。如《民法典》第一千零三十二条规定，隐私是自然人的私人生活安宁和不愿为他人知晓的私密空间、私密活动、私密信息。

交叉重叠部分是个人信息与个人隐私之间的主要连接点，但二者在内涵外延、保护法益等方面存在明显差别。差别之处可谓单独建构个人信息保护制度，而非将个人信息作为一种隐私加以保护的根本缘由。在内涵外延方面，姓名、职业等公共性较高的信息属于个人信息，但不属于个人隐私。在保护法益方面，隐私权侧重保护人们对其身体和家庭等私密空间或私生活安宁的决定自由。换言之，隐私权不仅保护信息层面的隐私利益，也保护空间层面的隐私利益。而个人信息保护关注的是人们就那些将对其个人自治产生扩张或者限制作用的信息应当如何使用的决定自由。[2]

在理论层面，个人信息保护与隐私保护的区分愈渐清晰，但实践中，将二者相混淆的情况依旧存在。典型例证当属，依托隐私权保护路径来认定和保护个人信息。对此，有学者认为，隐私权作为一项具有排他性的人格权，相比个人信息保护是一种强保护，基于此，法院往往会采取隐私权的保护方

---

[1] 国家质量监督检验检疫总局、国家标准化管理委员会：《信息安全技术公共及商用服务信息系统个人信息保护指南》第3.2条。

[2] 程啸. 民法典编纂视野下的个人信息保护 [J]. 中国法学，2019 (4).

法为个人信息的权利人提供救济。① 在个人信息保护制度尚不完善的情况下，这或许可以作为一项权宜之计。但需注意的是，由于二者的保护范围与保护法益不同，采取隐私权保护路径来保护个人信息的话，可能会面临保护不足的困境。申言之，对于个人信息与个人隐私重叠交叉的部分，的确可以采取隐私权保护路径。因为这部分信息既受到隐私权的保护，也可作为个人信息加以保护。然而，对于其他个人信息，则难以借助隐私权保护路径为个人信息主体提供权利救济。例如，在青岛天一精英人才培训学校与王某隐私权纠纷案中，青岛天一精英人才培训学校通过互联网发布的天一烟台教学点过关名单中包含王某的名字及考试成绩，王某认为，"姓名＋过关成绩＋培训学校"具有可识别性，此类信息属于个人信息，青岛天一精英人才培训学校未经其同意，擅自公开信息的行为侵犯了其合法权益，但法院采取隐私权保护路径，认为"姓名、考试成绩均非私生活中绝对自我空间的范畴，不属于隐私的范围……故天一学校不具备隐私权侵权的构成要件，不构成对王某隐私权的侵犯"。此外，司法实践在判断个人已公开的信息是否受保护时，也存在混淆个人信息保护与隐私保护的倾向。

个人信息保护制度的兴起与发展有着独特的时代背景，与 20 世纪六七十年代计算机自动处理技术的革新、20 世纪八九十年代互联网的普及，以及进入 21 世纪以来大数据、人工智能、物联网、云技术的发展息息相关。② 明晰个人信息保护与隐私保护在内涵外延、保护法益、兴起背景等方面的差异，是分析算法时代个人信息保护问题的前提。③

（二）何为个人信息

个人信息的边界直接决定了个人信息保护范围。判定是否属于个人信息是启动和展开保护的前提条件。如果某一信息属于个人信息，则受保护，反

---

① 张新宝．个人信息收集：告知同意原则适用的限制 [J]．比较法研究，2019 (6)．
② 关于计算机自动处理技术与互联网对个人信息保护制度的影响，参见 Priscilla M. Regan. Legislating Privacy：Technology，Social Values，and Public Policy. Chapel Hill [M]．NC：University of North Carolina Press，1995. 关于二十一世纪以来新技术的发展对个人信息保护制度的影响，参见丁晓东．大数据与人工智能时代的个人信息立法 [J]．北京航空航天大学学报（社会科学版），2020 (5)．
③ 参见周汉华．个人信息保护的法律定位 [J]．法商研究，2020 (3)．

之，该信息不受保护。因而，各个国家或地区在立法进行个人信息保护时，所要解决的首要问题即明晰个人信息的内涵与外延。

不论是从学理层面，还是就法律实践而言，特定个人识别性均被看作判定个人信息的核心要件。特定个人识别性，指的是透过该信息能够将其所指涉的特定个人与他人区分出来。这不仅包括事实上已经识别出的特定个人的情况，虽尚未识别出特定个人，但存在识别出特定个人可能性的情况也涵盖其中。申言之，只要此信息存在识别出某一特定的人的可能性，该信息就属于个人信息。从识别方式来看，"已识别"与"可识别"往往对应着"直接识别"与"间接识别"。直接识别，系指透过单个信息本身即可将特定个人从人群中分辨出来，如姓名、身份证号码、指纹等信息。间接识别，指的是单凭某一信息无法识别出特定的人，但将其与其他信息相结合的话，则能够识别出特定个人，如出生日期、车牌号码等信息。

在 20 世纪六七十年代，个人信息保护立法之初，就开始通过特定个人识别性来界定个人信息。计算机技术对信息处理的影响，引发人们的担忧。[①] 为了规范政府采集、处理、使用、公开个人信息的行为，平衡公共利益和隐私保护之间的冲突，美国于 1974 年通过了《隐私权法》，其适用范围限于保存在政府档案系统中的个人信息，即根据姓名、数字、符号或指纹、声纹、画像等识别符而记载的一项或一组信息，包括但不限于教育背景、财务状况、就医史、刑事犯罪或就业经历等信息。[②] 美国虽较早地提出特定个人识别性要件，但没能进一步明晰并统一该要件的涵义。[③]

1977 年，德国联邦立法机关在各州已有数据保护规范的基础上，[④] 制定了《德国联邦数据保护法》（Federal Data Protection Act/BDSG），将作为保护对象的"个人数据"界定为，与已识别（identified）和可识别（identifia-

---

① 大型计算机问世之初，政府是主要买家。最初的担忧主要是针对政府大规模收集个人信息的行为。以美国为例，新政时期以及第二次权利革命时期，一大批新独立监管机构如雨后春笋般涌现。信息是政府作出决策的基础，是行政权力有效运行的"燃料"，掌握丰富的个人信息可谓每一个新成立的监管机构履行职责的前提。

② The Privacy Act. 5 U. S. C. § 552a（a）（4）.

③ Paul M. Schwartz, Daniel J. Solove. The PII Problem：Privacy and a New Concept of Personally Identifiable Information ［J］. New York University Law Review，2011，Vol. 86：1814

④ 1970 年，德国黑森州率先制定了《数据保护法》（Datenschutzgesetzgebung），这也是世界范围内首部数据保护法。此后，德国其他州也纷纷开始立法保护个人数据。

ble）的自然人有关的信息。① 这是立法层面首次将特定个人识别性要件区分为"已识别"与"可识别"两层涵义。计算机技术的发展对信息的跨境流通也带来了颠覆性影响，尤其是在银行和保险行业。经济合作与发展组织（OECD）注意到，20 世纪七十年代末，已有近一半成员国制定了个人信息保护规范，且各国规范之间差异诸多。这不仅可能阻碍个人信息跨境流通，也不利于充分保护个人隐私权。旨在协调并统一各国的个人信息保护规范，OECD 于 1980 年发布了《隐私保护和个人数据跨境流通指南》（Guidelines on the Protection of Privacy and Transborder Flows of Personal Data），认为"个人数据"指的是"与一个已识别或可识别的自然人（数据主体）有关的任何信息"。尽管该指南是以建议书形式予以发布，并没有强制约束力，但毕竟代表了各成员国在一定程度上所达成的共识。以"已识别或可识别"为内涵的特定个人识别性要件日渐得到普遍认可。1995 年，欧盟发布的《关于个人数据处理保护与自由流动指令》（以下简称"1995 年欧盟数据保护指令"）即采纳了"已识别或可识别"的要件，规定"个人数据指的是任何已识别或可识别的自然人（数据主体）相关的信息；一个可识别的自然人是一个能够被直接或间接识别的个体，特别是通过诸如姓名、身份编号、地址数据、网上标识或者自然人所特有的一项或多项的身体性、生理性、遗传性、精神性、经济性、文化性或社会性身份而识别个体"。2018 年生效的欧盟《通用数据保护条例》（General Data Protection Regulation，以下简称欧盟 GDPR）沿用了这一定义。

我国相关规范在界定个人信息时，也采取了特定个人识别性标准。例如，根据 2013 年《电信和互联网用户个人信息保护规定》第四条的规定，用户个人信息，指的是"电信业务经营者和互联网信息服务提供者在提供服务的过程中收集的用户姓名、出生日期、身份证件号码、住址、电话号码、账号和密码等能够单独或者与其他信息结合识别用户的信息以及用户使用服务的时间、地点等信息"。2016 年颁布的《中华人民共和国网络安全法》（以下简称《网络安全法》）也采取了特定个人识别性标准，其中第七十六条规定："个人

---

① J Lee Riccardi, The German Federal Data Protection Act of 1977: Protecting the Right to Privacy?[J]. Boston College International & Comparative Law Review VI (1)，1983：243，249.

信息，是指以电子或者其他方式记录的能够单独或者与其他信息结合识别自然人个人身份的各种信息，包括但不限于自然人的姓名、出生日期、身份证件号码、个人生物识别信息、住址、电话号码等。"2017 年发布的国家《信息安全技术个人信息安全规范》亦有类似规定，再次认可了特定个人识别性标准。2021 年 8 月 20 日通过的《中华人民共和国个人信息保护法》第四条规定，"个人信息是以电子或者其他方式记录的与已识别或可识别的自然人有关的各种信息，不包括匿名化处理后的信息"。

在实务层面，某一信息是否符合特定个人识别性要件，特别是对其是否可识别的判断，往往存在分歧，或是难以得出结论，或是出现截然相反的结论。引发分歧的主要症结在于，是否可识别的判断基准不同。究竟是以哪方主体的识别能力为判断基准呢？对此，目前主要有三种不同的观点：

其一，社会一般人说。即从普通大众的角度出发，判断某一信息是否可以识别出特定个人。此说可以在一定程度上限缩个人信息保护法的适用范围，避免过度限制信息利用行为。但是，依此说进行判断会得出与现行法相悖的结论。以指纹为例，《网络安全法》第七十六条在概括界定个人信息的基础上列举了指纹这类个人生物信息，同时，作为国家标准的《信息安全技术公共及商用服务信息系统个人信息保护指南》也明确将指纹列为需要特别保护的个人敏感信息。可见，立法明确规定指纹属于个人信息。但按照此说，由于普通大众不具备相关知识和专业能力，不可能透过指纹辨识出特定个人，所以，指纹不属于个人信息。这一判断结果明显与现行法相冲突，有悖于指纹这类个人生物信息受保护的立法目的。

其二，信息控制者说。即结合信息收集者或使用者的具体情况，如信息处理技术和信息处理能力等，来认定某一信息的可识别性。此说的优点在于，强调具体情景对特定个人可识别性的影响，将可识别性的认定从抽象转为具体，从静态转为动态。台湾地区立法与实务层面均倾向于采纳此说。关于"记名悠游卡卡号"是否为个人资料一问题上，台湾地区"法务部"于 2011 年 5 月 13 日做成之法律字第 0999051927 号函释中，提出一项判断标准，即视信息收集者或使用者的主观条件而定。台湾地区《个人资料保护法施行细则》第三条规定针对何谓间接方式识别的立法理由说明指出，是否得以直接或间接方式识别者，需从信息收集者本身加以判断。① 此说的不足之处是，造成信息性质判断的不确定性，即同一信息在不同主体控制下，同一主体控制下的同一信息在不同情况下，可能属于个人信息，也可能不属于个人信息。

其三，任何人说。即只要有任何人可以透过该信息将特定个人从其所处群体中区分出来的话，就应认定该信息的特定个人识别性。此说的典型例证如欧盟，根据 1995 年欧盟《数据保护指令》立法说明第二十六条以及欧盟数据保护小组（Article 29 Data Protection Working Party）针对个人信息概念的进一步解释，不论是信息控制者，还是其他人，只要有任何人，借助所有可能、合理的方式，可以识别出特定个人，那么该信息就具备特定个人识别性。② 2018 年 5 月生效的欧盟 GDPR 也承继了这一观点。③ 此说秉持从宽界定个人信息的理念，力图将任何有可能识别出特定个人的信息都纳入保护范围。

考虑到算法时代信息组合比对技术带来的个人信息滥用风险，与社会一般人说和信息控制者说相比，任何人说更有利于防范个人信息滥用可能带来的侵害。但是，过于宽泛的个人信息保护范围必将增加信息控制者的义务，在一定程度上阻碍个人信息的流通与利用。为了平衡个人信息保护与利用之间的冲突，在采纳任何人说作为特定个人可识别性要件的判断基准的同时，有必要设定限缩条件。对此，欧盟的做法可供借鉴。

欧盟将识别方式"可能且合理"作为限缩条件，认为应当考虑所有可能且合理的方式来认定"可识别性"，即如果根据某一信息，事实上无法识别出特定个人或识别出特定个人的可能性极低，或者需付出不成比例的努力方可识别出特定个人的话，便认为该信息不具有"可识别性"，也就不被划入个人信息保护范围。将识别方式"可能且合理"作为限缩条件可以在一定程度上限缩个人信息的范围，但是否"可能且合理"带有相当的模糊性，须置于具体情境中加以判断。结合欧盟立法实践与司法实践来看的话，在判断识别方式是否"可能且合理"时，至少要考虑如下因素：第一，识别成本。第二，识别技术。由于识别技术不断革新，因而要考虑到从信息收集到存储、处理

---

① 张陈弘. 个人资料之认定：个人资料保护法适用之启动阀 [J]. 法令月刊，2016（5）.

② Article 29 Working Party opinion 4/2007 on the concept of personal data，20 June 2007.

③ 从法律效力来看，1995 年欧盟数据保护指令对成员国不具有直接约束力，须经由成员国转化为国内法，而欧盟 GDPR 具有直接适用的法律效力，一经生效即成为成员国国内法的一部分。

全周期内识别出特定个人的可能性。例如，如果某一信息被收集之后预计会存储十年的话，信息控制者就要考虑到九年后该信息的可识别性。[①] 第三，是否违反法律的禁止性规定。欧盟法院在 Breyer 案中明确提出这一考量因素。Breyer 案讨论的核心问题是，动态 IP 地址是否属于个人信息。在该案中，德国联邦政府网站运营者收集并保存了网站访问者 Breyer 的动态 IP 地址。德国联邦政府网站运营者仅凭动态 IP 地址无法辨识出特定个人，但是，如果结合网络服务提供商掌握的其他信息的话，则可以识别到具体的网站访问者。至此，关键问题转向作为 Breyer 动态 IP 地址的持有者，德国联邦政府网站运营者结合网络服务提供商掌握的其他信息识别出 Breyer 是否"可能且合理"。对此，欧盟法院认为，虽然德国法律明确禁止网络服务提供商向网站运营者传输可识别到特定个人的信息，但是，在网站受攻击的情况下，根据德国相关法律，网站运营者有权联系相关执法机构，相关执法机构可以从网络服务提供商处获取相关信息以便启动调查。这就意味着，在相关执法机构和网络服务提供商的帮助下，德国联邦政府网站运营者可以通过其所掌握的动态 IP 地址识别出特定个人。据此，欧盟法院认为，在此种情况下，动态 IP 地址属于个人信息。[②] 第四，信息控制者的能力、信息所指涉个人的利益、信息处理目的和方式、违反保密义务等信息控制者失范风险等其他因素。

（三）匿名信息的保护与利用

1. 匿名信息与假名信息之区分

所谓匿名信息，即经过匿名化处理后的信息。匿名化（anonymization）处理，指的是借由特定处理方式，删除或替换那些可识别个人身份的信息，使得信息使用者无法透过该信息识别出特定个人的过程。换言之，经过匿名化处理之后的个人信息不再具备识别可能性。为了确保不能再通过信息识别出特定个人，匿名化处理过程不仅是删除或替换掉姓名、身份证号等可以单

---

① Article 29 Working Party opinion 4/2007 on the concept of personal data，20 June 2007.

② Patrick Breyer v. Bundesrepublik Deutschland，关于该案例的判决全文，详见 https：//eur-lex. europa. eu/legal-content/EN/TXT/？ uri＝CELEX％3A62014CJ0582

独识别出个人信息主体的直接标识符，出生年月、职业等可与其他信息结合识别出特定个人的间接标识符也要予以删除或替换。国家标准《信息安全技术个人信息去标识化指南》（GB/T 37964－2019）明确要求匿名化处理过程遵循个人信息安全保护优先原则，"对直接标识符和准标识符进行删除或变换，避免攻击者根据这些属性直接识别或者结合其它信息识别出原始个人信息主体"。[①]

与匿名信息相关联的是假名信息，后者重在对信息主体身份进行伪装，如用其他标志替代姓名或者识别符号，以便无法直接确认信息主体或者实质性增加确认信息主体的困难。例如，药物临床试验过程中往往会采取假名化处理。药物研究者会对每个受试者编号，如"张三，阿兹海默症患者"，经过编码处理后生成假名信息"10267，阿兹海默症患者"。向赞助此研究的制药企业提供的必须是经过编码处理后的统计信息，但展开药物临床试验的研究者必须单独存储足以让假名信息得以恢复的密钥，如"张三对应10267"，以便日后出现药物不良反应时可以识别出各个受试者并给予相对应的治疗。[②]

匿名信息与假名信息的主要区别在于，假名化处理虽然大大降低了信息与特定个人之间的关联度，但是通过假名化处理后的信息依然存在识别出特定个人的可能性，因而，假名信息依旧属于个人信息，受个人信息保护规范的约束。而匿名信息不再具有可识别性，也就不再属于个人信息，被排除在个人信息保护规范的适用范围之外。

2. 作为信息保护机制的匿名化处理

事实上，匿名化处理本身属于一种个人信息保护机制。作为信息保护机制，匿名化处理在一定程度上有助于实现个人信息保护与利用之间的平衡，促成个人信息的有效流通与创新应用。此效果之达成得益于个人信息的固有特征。个人信息兼具隐私利益和财产利益。在个人信息的收集、处理、交易和应用过程中，其双重属性相互交错。匿名化处理可以实现隐私利益和财产

---

① 国家市场监督管理总局、国家标准化管理委员会：《信息安全技术个人信息去标识化指南》第4.1条。

② Article 29 Working Party opinion 4/2007 on the concept of personal data，20 June 2007.

利益的分离，经过匿名化处理的信息仅包含财产利益，使得信息控制者能够在不侵犯他人隐私利益的前提下，充分挖掘信息的价值。①

日本于 2015 年修订了个人信息保护法，此次修法过程中新增匿名信息的相关规定正是基于上述考虑。2013 年，JR 东日本公司出售交通 IC 卡"Suica"所记录数据的行为，引发了人们的恐慌和质疑。JR 东日本公司将近 4300 万名乘客的上下车记录数据，包括上下车站名、乘车时间、车费、持卡人出生日期、性别以及卡号等信息，提供给第三方日立制作所，由其展开统计、分析，并将分析结果提供给车站周边商户以作行销策略的参考。尽管 JR 东日本公司强调，其提供给第三方主体的信息已经隐匿持卡人的姓名和联络地址，因无特定个人识别性，故不属于个人信息保护法所调整的个人信息。但在众多持卡人看来，不论 JR 东日本公司是否进行匿名化处理，未经个人信息主体同意将信息出售给第三方利用的行为也构成违法。在社会压力下，JR 东日本公司停止对外出售交通 IC 卡"Suica"数据，但经匿名化处理后的信息是否受个人信息保护法之约束依旧悬而未决。此事件所揭示的匿名信息问题成为日本 2015 年修法时的重点讨论内容之一。② 修订后的个人信息保护法新增了匿名信息构成要件、匿名化处理方式、匿名化处理者以及匿名信息使用者所需履行的义务等规定，同时明确个人信息控制者在原定利用目的之外使用匿名化处理的信息，或是将匿名信息提供给第三方主体之前，无须征得个人信息主体的同意。

3. 再识别技术带来的挑战

尽管不少国家或地区的立法均选择将匿名信息排除于个人信息保护法律规范的适用范围之外，但这并不意味着匿名信息不会引发任何隐私侵害。旨在实现匿名信息保护与利用之间的平衡，尚需回应两方面的问题。

一方面，匿名化处理的程度如何确定，究竟要达到何种程度，才可认定为匿名信息。根据我国《网络安全法》第四十二条："网络运营者不得泄露、篡改、毁损其收集的个人信息；未经被收集者同意，不得向他人提供个人信

---

① 金耀. 个人信息去身份的法理基础与规范重塑［J］. 法学评论，2017（3）. 韩旭至. 大数据时代下匿名信息的法律规制［J］. 大连理工大学学报（社会科学版），2018（4）.
② 参见范姜真媺. 大数据时代下个人资料范围之在检讨：以日本为借镜［J］. 东吴法律学报，29（2）.

息。但是，经过处理无法识别特定个人且不能复原的除外。"欧盟第 29 工作小组也认为，有效的匿名化处理应当能够防止任何人从匿名化处理后的数据中再识别出特定个人。① 这里的"无法识别特定个人"应当作何理解呢？仅仅是说通过匿名化处理后的数据本身无法再识别到特定个人，还是说要保证匿名化处理后的数据与其它数据相比对也无法再识别到特定个人呢？

与此直接相关的另一方面问题即匿名信息的再识别可能。数据比对分析技术的进步使人们有可能攻击和重新识别所谓的匿名信息。匿名信息的再识别可能会导致利用匿名化处理来保护隐私的努力变得徒劳无功。② 以华为、小米、Fitbit③ 的智能运动手环为例，它们可以自动识别用户的跑步模式并予以记录。纵使它们在与他人共享信息之前从所记录数据中删除用户的姓名、地址和其他可识别信息，再次识别也不是什么难事。我们每个人都有着独特的步态，这意味着，如果对某个智能运动手环用户的步态或行走方式有所了解，则可以借助该信息在数百万匿名的智能手环用户数据中识别出该人。一旦识别出特定个人，将可以访问该用户所有其他的数据，这些数据将再次与他相关联。正如美国中央情报局首席技术官 Scott R. Peppet 所言，仅仅透过来自 Fitbit 的数据，就可以准确定位到特定个人。④

三、基于告知同意原则的传统保护机制遭遇困境

告知同意原则（notice-and-consent）要求数据控制者在收集用户个人信息前，告知用户信息的处理状况。在实践中，这主要表现为数据控制者制定并发布隐私政策或隐私声明，由用户在阅读声明后作出同意与否的意思表示，作为对个人数据采集、使用的合法性授权。从各国个人信息保护的相关立法来看，告知同意当属主要且通用的个人信息保护要求。

---

① Article 29 Working Party. Opinion No. 05/2014 on Anonymization Techniques. https://aircloak. com/wp-content/uploads/WP29-Opinion-on-Anonymization. pdf.

② Paul Ohm. Broken Promises of Privacy: Responding to the Surprising Failure of Anonymization [J]. University of Colorado Law Review, 2010, vol57: 1701, 1703 - 04.

③ Fitbit 于 2007 年在美国旧金山创立，是首批研发数字化计步器的公司之一。

④ Scott R. Peppet. Regulating the Internet of Things: First Steps Toward Managing Discrimination, Privacy, Security, and Consent [J]. Texas Law Review, 2014: 85, 128.

在美国，告知同意原则源于"公平信息实践准则"（Code of Fair Information Practice）。1969 年，美国阿帕网的运行标志着现代计算机网络的诞生，计算机技术的发展逐渐颠覆了原有的信息制作、存储与使用方式。信息记录主体，特别是政府部门，更为密集且集中地掌握个人信息。旨在回应人们对自动化个人数据记录保存系统的担忧，美国卫生、教育和福利部成立了专门咨询委员会（Advisory Committee on Automated Personal Data Systems），于 1973 年发布了一份题为《记录、计算机与公民权利》的报告，提出"公平信息实践准则"，明确了五项基本原则："必须禁止所有秘密的个人数据档案保存系统；必须确保个人了解其被收集的档案信息是什么，以及信息被如何使用；必须确保个人能够阻止未经同意而将其信息用于个人授权使用之外目的，或者将其信息提供给他人，有个人授权之外目的；必须确保个人能够改正或修改关于个人可识别信息的档案；必须确保任何组织在计划使用数据时，其创建、维护、使用或传播可识别个人数据的档案中的数据都必须是可靠的，并且必须采取预防措施防止数据的滥用。"[①]

在此背景下确立的"公平信息实践准则"奠定了信息时代隐私保护的基石。[②] 不仅影响了美国此后的个人信息保护，也对其他国家或地区采取基于告知同意原则的保护机制产生了一定影响。例如，1980 年，经济合作与发展组织（OECD）制定了《关于隐私保护与个人数据跨界流通的指南》，该指南提出了八项原则。其中，限制收集原则即要求个人信息的收集应合法、公正、并取得当事人同意或通知当事人；目的明确化原则要求在收集个人信息时，目的应明确化，此后的利用也不得抵触最初的收集目的，目的变更应加以明确化，除非经当事人同意或法律规定。

在我国，全国人大常委会于 2012 年颁布的《关于加强网络信息保护的决

---

① U. S. Department of Health, Education &. Welfare. Records, Computers and the Rights of Citizens. Report of the Secretary's Advisory Committee on Automated Personal Data Systems (1973) [EB/OL]. http: //www. justice. gov/opcl/docs/rec-com-rights. pdf.

② 有关"公平信息实践准则"对美国以及其他国家或地区的影响，参见丁晓冬. 论个人信息法律保护的思想渊源与基本原理 [J]. 现代法学，2019 (3). 此处，尚待补充 FTC1998 年的文件以及特定领域的立法：Federal Trade Commission，"Privacy Online：A Report to Congress"，June 1998；Federal Trade Commission，Privacy Online："Fair Information Practices in the Electronic Marketplace"，A Report to Congress，May 2000；Federal Trade Commission，Protecting Consumer Privacy in an Era of Rapid Change，Recommendations for Businesses and Policymakers，March 2012.

定》首次明确规定："网络服务提供者和其他企业事业单位在业务活动中收集、使用公民个人电子信息，应当遵循合法、正当、必要的原则，明示收集、使用信息的目的、方式和范围，并经被收集者同意，不得违反法律、法规的规定和双方的约定收集、使用信息。"在此基础上，2013 年修订后的《消费者权益保护法》以及 2017 年颁布施行的《网络安全法》均将告知同意作为收集、使用个人信息的前提条件。《网络安全法》第二十二条第 3 款规定："网络产品、服务具有收集用户信息功能的，其提供者应当向用户明示并取得同意；涉及用户个人信息的，还应当遵守本法和有关法律、行政法规关于个人信息保护的规定。"第四十一条规定："网络运营者不得泄露、篡改、毁损其收集的个人信息；未经被收集者同意，不得向他人提供个人信息。但是，经过处理无法识别特定个人且不能复原的除外。"

（一）告知同意原则的由来

"收集和使用个人信息必须经被收集人同意"是告知同意原则的核心取向。理论研究者普遍认为这属于个人信息由个人控制的体现。尽管出发点和着眼点不同，但美国与欧洲不少学者均尝试建构个人信息自我控制理论。

1. 以德国为代表的个人信息自决权理论

自 20 世纪六七十年代以来，伴随自动化处理技术的发展，个人信息的收集、处理和利用行为愈发普遍。倘若任由他人收集、处理和利用自己的个人信息，而自己却毫不知情，或没有能力加以阻止，那么无异于将个人置于受人支配的地位。[①] 德国人担心这种将人们看作客体的趋向会侵害德国宪法即《基本法》第二条第 1 款所保障的"自由发展人格"的权利，个人信息自决权正是在此背景之下形成的。结合相关理论来看，个人信息自决权的核心面向在于"自决"，即个人有权决定向谁告知哪些与其自身有关的信息。换言之，原则上禁止收集、处理和利用个人信息，除非获得个人信息主体的同意。

德国联邦宪法法院于 1969 年和 1983 年就人口普查问题作出的两个判决

---

① 杨芳. 个人信息自决权理论及其检讨：兼论个人信息保护法之保护客体 [J]. 比较法研究，2015 (6).

进一步阐释了个人信息自决权的正当性基础，明晰了个人信息自决权的内涵，在相当程度上促成个人信息自决权相关理论的落地生根。

1969年的"小型普查案"针对的是1957年通过的《居民及职业生活抽样统计实施法》。其中规定，以每一季度为单位进行有关居民及职业生活的抽样统计调查，并以此作为联邦统计调查的一部分。广泛的调查范围①本就引发争议，加之，有住户因拒绝提供相关信息而遭受罚款，质疑之声更为高涨，遂有民众向德国联邦宪法法院提起宪法诉讼。德国联邦宪法法院判决认为，系争法律条文并没有违反宪法。在判决理由部分，联邦宪法法院提及个人自决权，认为国家制定法律以强制方式展开调查和信息收集，有可能侵害人性尊严，使公民沦为客体，有可能干涉个人的自决权。但其转而强调，并非所有个人信息收集行为都会侵害人性尊严，只有涉及个人私密生活领域的信息收集行为才会干涉个人自决权。②

另一个案件是1983年的"人口普查案"。不论是就个人信息自决权的发展，还是德国乃至欧盟个人信息保护立法模式的转变而言，该案件都具有里程碑意义。1982年，德国联邦议会通过了《关于人口、职业、住居及工作场所调查之法律》（通常被称为《人口普查法》），计划全面调查并记录公民住址、职业、教育经历等各方面的信息。这一法案引起民众的强烈反感和抗议。众多民众以违反《基本法》为由将该法案诉至德国联邦宪法法院。德国联邦宪法法院最终判决其中部分条款违宪。从判决逻辑来看，联邦宪法法院从自动化处理技术对个人人格的威胁出发，指出：

> 今日借助自动化信息处理设备的帮助，就有关一个特定或可得特定之人的人身或事物关系之个人信息，在技术上将可被查看、无限制地被存储，并且随时可不论距离地被迅速下载，则该项权利将因此而受到危害。个人信息可能——特别是在建立一体的信息系统时——与其他的信

---

① 调查范围包括：其一，选定对象之住户的数量、姓名、年龄、职务、婚姻状况、孩子数量、国籍、居住地、居住地变迁情况、身体上是否有残疾及其原因，以及农地的有效面积；其二，职业生活的调查：工作内容、职业项目、工作场所、胜任能力、工作时间及是否有保险的保障；其三，职业妇女的调查：幼儿照护期间、修养旅行期间、收入来源等。

② BVerfG 27.1. 案情简介参见陈志忠. 个人资料保护之研究：以个人资讯自决权味中心［A］. 我国台湾地区"司法院"2000年度研究发展项目研究报告，42-43. 陈志忠. 个人资讯自决权之研究［D］. 台湾：东海大学，1990：30-31.

息一起拼凑出部分或广泛的完整人格图像，而当事人却无法对该图像之正确性和利用有足够的控制……一个人如无法知道，何人、因何事、于何时、在何种情况下得以知晓其个人信息，不仅使个人的个别发展机会受到干扰，而且公共利益亦可能受到波及……因此，在现代化信息处理条件下，人格的自由发展以保护个人信息免于不受限制的调查、存储、利用及传递为前提。[①]

联邦宪法法院强调，在应用自动化信息处理技术的情况下，原本无关紧要的个人信息也有可能在组合使用之后构成对个人人格的威胁，事实上并不存在所谓不重要的信息，不能单凭信息是否涉及私人生活领域来判断该信息是否应受保护。基于此，联邦宪法法院阐释了"个人信息自决权"的正当性基础。

尽管在该案中联邦宪法法院所确认的个人信息自决权仅仅是对抗国家强制收集个人信息的行为，但此后，或许是无心的误读，或许出于有意的拓展，个人信息自决权的辐射范围越来越宽泛，不仅可以对抗国家行为，也可以用来约束企业等私营主体的个人信息收集、处理和利用行为。[②]

2. 以美国为代表的信息隐私权理论

在美国，不论是理论界，还是实务界，均认可这种由个人控制其信息流动的观念。只不过，与德国不同，美国没有确证"个人信息自决权"，而是选择通过重塑隐私权的内涵，来回应政府机构和私人组织大规模收集、处理、储存和传播个人信息的现象。1967年，艾伦·威斯汀（Alan Westin）在其《隐私与自由》一书中将"隐私"定义为"个人、组织或机构能够自己决定何时、如何以及在多大程度上将有关自身的信息告知他人"。这一定义突破了1890年至1960年间发展并成熟起来的隐私权概念，[③] 往往被视为信息隐私权

---

① 陈戈，柳建龙，等．德国联邦宪法法院典型判例研究［M］．北京：法律出版社，2015：77.

② 参见杨芳．个人信息自决权理论及其检讨：兼论个人信息保护法之保护客体［J］．比较法研究，2015（6）.

③ 在美国，1890年，沃伦（Warren）和布兰代斯（Brandeis）在《哈佛法学评论》上发表《隐私权》一文，首次明确提出"隐私权"概念。自此之后，普通法上开始为隐私受侵害者提供救济。1960年，William Prosser梳理了1890—1960年间的300个隐私侵权案例，将隐私侵权行为分为如下四类：侵扰他人安宁，或侵入他人私人事务；公开他人的私人事务；公开丑化他人形象；为自身私人利益擅自使用他人姓名或肖像。《美国侵权法重述（第二版）》吸收了这一分类。

的开端。

1977 年，在 Whalen v. Roe 案的判决中，美国联邦最高法院首次认可了宪法上的隐私权包括信息隐私。该案涉及纽约州的一项法案，其中规定医生所开具的处方涉及第二类药物时，应当填写一份官方表格，登记开处方的医生、发药的药剂师、药物名称及用量，以及病人的姓名、地址和年龄等信息，并提交给纽约州健康部门。纽约州健康部门将这些信息保存在次带上以供计算机处理。第二类药物的使用者、具备相应处方权的医生以及医生协会担心这些数据被滥用，向法院提起诉讼主张该法令侵犯了宪法所保障的隐私。联邦最高法院并没有支持原告的主张，但明确回应了政府通过计算机处理个人信息的问题。史蒂文斯（Stevens）大法官代表多数意见所撰写的判决指出，宪法保护 "个人避免其信息被披露的利益"。① 尽管在此案之后，美国联邦最高法院没有进一步阐释信息隐私权，但下级法院在处理涉及政府收集、处理或传播个人信息的案件时，往往会认可信息隐私权是一项宪法性权利。②

不论是以德国为代表的个人信息自决权，还是以美国为代表的信息隐私权，所彰显的正是 "谁的信息谁做主" 理念，即由个人自主控制其信息的流动。作为一项程序装置，告知同意逐渐成为个人信息主体实现其控制权的关键。

（二）告知同意原则的适用

1. 告知层面

关于告知内容，最为重要的当属收集使用个人信息的目的、方式和范围。针对 App 违法违规收集个人信息的乱象，国家互联网信息办公室、工业和信息化部、公安部、市场监管总局在联合展开专项治理的基础上，于 2019 年 12 月颁布了《App 违法违规收集使用个人信息行为认定方法》，要求 App 经营者逐一列出收集使用个人信息的目的、方式、范围等，并且在申请打开存储、

---

① Whalen v. Roe, 429 U. S. 589 (1977).
② Elbert Lin. Prioritizing Privacy: A Constitutional Response to the Internet [J]. 17 Berkeley Tech. L. J. , 2002: 1085.

电话、位置、相机、麦克风等可收集个人信息的权限，或申请收集用户银行账号、证件号码等个人敏感信息时，还要同步告知用户其目的。

此外，告知内容至少还应涵盖如下几个方面：个人信息的保存期限和安全技术措施；向第三方提供个人信息的情况；个人信息主体享有的更正、删除、撤回同意、注销账号等权利及具体实现机制；个人信息控制者的基本情况等。以《网易云音乐隐私政策》为例，共包括九部分内容，分别为：我们如何收集和使用信息；我们如何使用 cookies 或同类技术；我们可能分享、转让和披露的信息；我们如何储存和保护信息；如何管理您的信息；第三方服务；未成年人保护；通知和修订；如何联系我们。[①]

关于告知方式，通常情况下个人信息控制者会在用户注册账号、安装程序或首次使用时，向其展示关于收集和利用个人信息的提示。最常用的是增强式告知，即在交互界面仅显示隐私政策的核心内容，或突出展示用户最关心的信息，并在下方附上指向完整隐私政策文本的链接。有些情况下，个人信息控制者还会在用户使用过程中即时展示关于具体个人信息处理行为的提示，如开启扩展功能前，个人信息使用目的的变更，个人信息处理规则发生变化等。

2. 同意层面

根据个人信息主体是否有积极、主动的作为，可以将同意机制分为明示同意和默示同意。其中，明示同意是指个人信息主体通过书面、口头等方式主动作出纸质或电子形式的声明，或主动勾选、点击"同意""注册"等肯定性动作，对其个人信息进行处理作出明确授权的行为。默示同意，指的是在个人信息主体无明确反对的情况下，推定个人信息主体同意。

关于同意机制的选择，我国现行规范在区分个人一般信息和个人敏感信息的基础上，对其作出了相应要求。2013 年实施的首个个人信息保护国家标准《信息安全技术公共及商用服务信息系统个人信息保护指南》（GB/Z 28828—2012）规定，收集个人一般信息时，可认为个人信息主体默许同意，如果个人信息主体明确反对，要停止收集或删除个人信息；收集个人敏感信

---

① 《网易云音乐隐私政策》全文，见 https：//st. music. 163. com/official-terms＃privacy-8，最后访问时间：2021 年 3 月 31 日。

息时，要得到个人信息主体的明示同意。① 2017 年颁布的国家标准《信息安全技术个人信息安全规范》（GB/T 35273－2017）再次强调，收集个人敏感信息时，必须征得个人信息主体的明示同意，且要确保个人信息主体的明示同意是其在完全知情的基础上自愿给出的、具体的、清晰明确的愿望表示，而收集个人一般信息的话，仅在特定情况下要求明示同意。②

实践中，默示方式是否能构成同意不无争议。2018 年元旦前后，支付宝公布用户的年度账单，并为用户默认勾选了"我同意《芝麻服务协议》"，允许芝麻信用收集用户的信息，包括用户保存在第三方的信息。默认勾选行为遭到公众的指责，支付宝连夜致歉，取消了默认勾选，但针对默认勾选等默示同意机制的纷争并未就此停止。③ 对此，《App 违法违规收集使用个人信息行为认定方法》给出了较为明确的答案，即 App 经营者"以默认选择同意隐私政策等非明示方式征求用户同意"将被认定为"未经用户同意收集使用个人信息"。

（三）谁的信息谁做主？

伴随"算法统治时代"的到来，基于告知同意原则的保护机制力有不逮。近年来，不论是理论研究，还是实务效果，均表明以发布隐私政策为依托的个人信息保护机制的实效性有限。从个人信息主体的角度观之，这主要体现在，其是否能够控制与自身有关的信息呢？

2017 年《网络安全法》颁布实施之后，中央网信办、工信部、公安部、国家标准委等四部门联合启动了隐私条款专项工作，对微信、淘宝、高德地图、航旅纵横等 10 款网络产品和服务的隐私条款进行评审。在此背景之下，数据控制主体的确越发重视隐私政策的制定与公布。以南都个人信息保护研究中心的跟踪式测评为例，2017 年 6 月 1 日，在《网络安全法》实施当日，

---

① 国家质量监督检验检疫总局、国家标准化管理委员会：《信息安全技术公共及商用服务信息系统个人信息保护指南》第 5.2.3 条。

② 国家质量监督检验检疫总局、国家标准化管理委员会：《信息安全技术个人信息安全规范》第 5.5 条。将于 2020 年 10 月 1 日实施的《信息安全技术个人信息安全规范》（GB/T 35273－2020）将取代《信息安全技术个人信息安全规范》（GB/T 35273－2017），但此条规定并未作实质性变更。

③ 中国新闻网. 支付宝年度账单刷屏，却因这行小字连夜认错，为啥？[EB/OL]. http://www.chinanews.com/cj/2018/01－04/8415712.shtml（2019.03.01）.

南都个人信息保护研究中心发布了关于 1000 家常用网站和 App 的隐私政策的透明度报告。报告显示，在参与测评的 1000 家网站与 App 中，没有一个能够达到隐私政策透明度"高"的标准，透明度"较高"的有 84 个平台，占总平台个数的 8.4%；透明度"中等"的平台个数为 110 个，占比 11%；而透明度"较低"和"低"的平台个数相加则多达 806 个，超过总数的 80%。① 在《网络安全法》实施一年多之后，南都个人信息保护研究中心从上述测评对象中随机抽选了 100 款公众常用的 App 展开调查，结果表明，隐私政策透明度高和较高的 App 占比明显增多，尤其是透明度高的 App 个数实现零的突破，在 100 款 App 中，有 4 款 App 的隐私政策达到透明度高的标准，15 款 App 透明度较高，上述两者之和将近占总数的 20%。这意味着 400 天来，进阶透明度高与较高的 App 占比增长超过 10%。② 另有学者于 2018 年调查了我国访问量排前 500 位的网站的隐私政策公开情况，结果表明公开披露隐私政策的网站占 69.6%，并且访问量排前 100 位的网站中有 80 个均披露了隐私政策。③"对企业而言，透过隐私政策履行个人信息保护义务，无疑是最符合成本收益的方式"。④ 然而，由于执行与监督机制的不完善，如何确保纸面上的隐私政策迈向行动中的隐私保护，是当前影响告知同意机制实效性的主要原因之一。

与数据控制者制定与公布隐私政策形成对照的是个人信息主体对待隐私政策的态度。实践表明，人们很少阅读隐私政策，往往越过隐私政策直接点击同意，致使隐私政策沦为"一纸空文"。难道人们普遍不在意个人信息保护吗？不可否认，这其中存在人们对个人信息注重程度的传统与差异，但更为重要且值得关注的是隐私政策本身所存在的问题。

1. 告知效果打折扣

冗长艰涩的隐私政策给人们带来沉重的阅读负担，致使告知效果打折扣。

---

① 有关 2017 年南都个人信息保护研究中心所发布《互联网企业隐私政策透明度报告》的相关报告，详见 http://epaper.oeeee.com/epaper/A/html/2017-06/01/content_33101.htm。

② 南都个人信息保护研究中心. 2018 年度常用 App 隐私政策透明度排行榜［EB/OL］. https://www.sohu.com/a/258850879_161795（2018.10.11）.

③ 冯洋. 从隐私政策披露看网站个人信息保护：以访问量前 500 的中文网站为样本［J］. 当代法学，2019（6）.

④ 高秦伟. 个人信息保护中的企业隐私政策及政府规制［J］. 法商研究，2019（2）.

随着个人信息保护相关立法的完善，对于告知同意机制的要求愈加繁复，企业隐私政策文本也越来越长。譬如，淘宝网网站及淘宝客户端的"隐私权政策"长达 1.5 万字。[①] 有多少淘宝网用户会认真阅读这份攸关其个人信息保护的声明呢？美国学者甚至略带讽刺地说道，不少企业的隐私政策文本比美国宪法还要长。加之，人们每天可能访问数十个网站，阅读所有网站的隐私政策将耗费过高的时间成本。有调查显示，如果网络用户阅读完所有网络服务提供者的隐私政策，每年至少要花费 244 个小时。[②] 这会在相当程度上减弱人们阅读隐私政策的动力，背离告知同意机制设计之初的假设。如前所述，告知同意机制假定的前提条件是：用户认真阅读隐私政策，了解隐私政策以及点击同意的法律含义，必要时候咨询自己的律师，与其他提供相似服务的互联网服务商协商，判断是否能从他处获得更好的隐私保护，最后一步再权衡是否点击同意按钮。然而，实践中网络用户是否会按照此假定采取行动或作出选择呢，不无疑问。

即便部分用户愿意花时间阅读这些隐私政策，往往也会面临理解受限的困境。隐私声明大多由专业人士起草，忽视了读者在教育水平上的差异，其中涉及许多专业术语，而且为了尽可能扩大个人信息利用范围，规避未来可能的利用限制，不少条款的表述相当晦涩。中国互联网络信息中心第 47 次《中国互联网络发展状况统计报告》表明，截至 2021 年 2 月，中国网民规模达 9.89 亿，但受过大学专科及以上教育的网民群体仅占 19.8%。[③] 纵使教育水平较高的用户要想理解数据控制者的数据处理和利用行为也绝非易事，更遑论在充分理解的基础上作出同意与否的决定。

专业知识的欠缺不仅导致人们不理解隐私政策，很多时候还会引起人们的误解。[④] 事实上，人们往往会在误解基础上作出抉择。一项调查询问了若干在线交易过程的个人信息保护问题，结果表明，人们能够准确回答的问题

---

① 淘宝网网站及淘宝客户端的"隐私权政策"全文，参见 https：//terms.alicdn.com/legal-agreement/terms/suit_bu1_taobao/suit_bu1_taobao201703241622_61002.html。

② A. M. McDonald，L. F. Cranor. The Cost of Reading Privacy Policies [J]. Journal of Law and Policy for the Information Society，2008：540.

③ 中国互联网络信息中心. 第 47 次中国互联网络发展状况统计报告（2021 年 2 月 3 日）。

④ 参见欧姆瑞·本·沙哈尔，卡尔·E. 施奈德. 过犹不及：强制披露的失败 [M]. 北京：法律出版社，2015：93.

仅占到 30％。另一项研究发现，64％的受访者根本不知道点击同意意味着允许商家向其他公司出售有关他们的交易信息，并且有 75％的人错误地认为，网站具有隐私权政策，就意味着该网站不会与其他网站和公司共享所收集的个人信息。①

针对这种现象，学术研究者和实务工作者纷纷探索改进方式，以确保隐私政策简单易懂。例如，Google 地图在隐私政策的不同章节分别提供了 3 个不超过一分钟的动漫小视频，解释收集哪些信息，以及为什么收集这些信息。支付宝设有"目录"按钮，用户点击可实现不同章节之间的跳转。滴滴用图表的方式清晰呈现了 App 调用设备权限的情况。百度则将隐私条款中的关键信息制作成动漫页面，用拟人化形象"图画"以讲故事的口吻阐述其隐私条款。但我们不能忽视的是，让告知变得简单易懂与充分告知人们放弃个人信息的后果之间有些时候是相矛盾的。② 人们需要充分的信息和准确的理解才能作出明智的选择。但是，许多隐私政策对于将来的数据使用方式和情况都含糊不清。

2. 告知不切实际

现行告知同意机制重在强调信息收集阶段的清楚说明。根据《网络安全法》第二十二条、第四十一条的相关规定，网络产品、服务提供者收集、使用个人信息，应当明示收集、使用信息的目的、方式和范围，并取得被收集者的同意。以此为基础所建构的告知同意机制在前大数据时代尚可保障用户对个人信息的知情权和控制权，达成隐私保护目标。③ 因为，在过去，通常是基于特定目的来收集数据，待收集工作完成之后，数据就被认为已经没有太大用处了。

但如今，数据的价值往往并不体现在最初收集时的基本用途上，而是蕴含在未来潜在的用途中。正如维克托·迈尔-舍恩伯格与肯尼斯·库克耶所

---

① Joseph，Lauren Feldman，and Kimberly Meltzer. "Open To Exploitation：American Shoppers Online and Offline." Annenberg Public Policy Center，University of Pennsylvania，June 2005.

② Daniel J. Solove. Privacy Self-Management and the Consent Dilemma [J]. Harvard Law Review，2013（126）：1880.

③ 范为. 大数据时代个人信息保护的路径重构 [J]. 环球法律评论，2016（5）.

言，"数据的真实价值就像漂浮在海洋中的冰山，第一眼只能看到冰山一角，而绝大部分则隐藏在表面之下"。① 申言之，在大数据时代，个人信息被收集之后，不同于最初收集目的的再使用将成为常态。例如，谷歌公司出于完善搜索引擎效能的目的，收集并保存用户的搜索记录。2008 年谷歌公司通过统计分析"治疗发热的药物""咽喉疼痛"等检索词条的搜索数据，准确预测了2009 年甲型 H1N1 流感的爆发与传播，甚至可以具体到特定的地区和州。流感预测显然逾越了谷歌最初收集信息时所明示的使用目的，这一扩大范围的使用是否因维护公众身体健康而获得正当性呢？特别是在 2020 年新冠肺炎疫情防控过程中，各国政府、互联网平台公司和通信运营商均在利用个人位置信息、行踪轨迹、住宿信息、导航记录信息、交易信息等个人信息，为疫情监测和预警提供支持，确定密切接触者，以适时采取防控措施。② 涉及疫情的个人信息收集是否适用告知同意原则呢？如果需要征得个人同意，可能会造成大量个人信息无法被收集，甚至出现瞒报现象。如果无须获得个人信息主体的同意，如何避免个人信息的过度收集和利用甚至滥用呢？③ 对此，传染病防控这一公共利益具有优先性，是否足以为个人信息收集和利用提供充分的正当性基础，但可以肯定的是，仅凭告知同意机制难以在多于利益相冲突的场景下实现个人信息保护与利用之间的平衡。

除了超越原始使用目的之外，个人信息被收集之后的组合使用也存在隐私侵害可能。针对个人信息收集后再使用过程面临的种种风险，倘若依旧严格适用告知同意机制，要求每一次个人信息再利用之前，均必须单独向个人信息主体作出详细说明，并取得其同意的话，不论在技术层面，还是在经济层面，都显得有些不切实际，势必会给数据处理者带来沉重的负担，甚至会抑制数据的共享和利用，阻碍大数据的创新应用和价值开发。当然，这里绝非否定个人信息再利用过程的保护目的，而是强调前算法时代形成的告知同

① 维克托·迈尔—舍恩伯格，肯尼斯·库克耶. 大数据时代：生活、工作与思维的大变革［M］. 浙江：浙江人民出版社，2013.

② 人民网. 运用大数据打赢疫情防控阻击战［EB/OL］. https：//baijiahao. baidu. com/s？id＝1657567884539557585&wfr＝spider&for＝pc（2020.06.20）；中国新闻网. 一人一码 大数据助力精准防疫［EB/OL］. http：//www.chinanews.com/cj/2020/02－19/9096788. shtml（2020.06.20）.

③ 林鸿潮，赵艺绚. 突发事件应对中个人信息利用与法律规制［J］. 华南师范大学学报（社会科学版），2020（5）；赵宏. 健康码中的数据收集与信息保护［N］. 检察日报，2020－06－10.

意机制已难以满足算法时代的个人信息保护需求。

3. 难以作出理性的同意选择

中国消费者协会于 2014 年对个人信息网络安全状况作了调查，结果显示，对互联网个人信息保护现状不满意和非常不满意的受访者占比高达 56.58%，并且约 2/3 的受访者表示在过去一年内其个人信息被泄露或窃取。[①] 2016 年，中国互联网协会的一项调查再次表明，54% 的网民认为个人信息泄露严重，84% 的网民亲身感受到了因个人信息泄露而带来的不良影响。受访者表示，侵犯网民知情权和选择权的主要现象当属"诱导用户点击"和"App 获取个人信息，用户并不知情"等。

尽管人们逐步意识到网络时代个人信息面临的严峻挑战，怀着强烈的不安全感，但这些担忧似乎并没有抑制人们"拥抱"网络产品和服务的热情。对此，百度董事长兼 CEO 李彦宏曾表示，中国人对隐私问题的态度更开放，也相对来说没那么敏感，"如果可以用隐私换取便利、安全或者效率，在很多情况下，他们愿意这么做"。[②] 这一论述曾在网络上引起广泛争议，但是的确反映了目前人们以"隐私换取便利、安全或者效率"的现实，与隐私相比较，人们更为关心其他更容易获得的便利和效率以及更为重要的安全。不可否认，在算法时代，大数据比消费者自己还了解消费者的"心思"，任何人都很难完全放弃互联网和算法统治时代所带来的便利。然而，是否所有人都真的愿意为此放弃隐私，有没有更好的解决途径，在隐私保护与其他价值和功能之间进行平衡，则是一个值得深究的问题。

事实上，用户被迫点击同意的情况并不少见。大多数网络产品和服务均选择在用户首次注册使用时明示其隐私政策，此时，倘若用户点击"不同意"，将无法正常使用。[③] 在这种情况下，即便用户认为隐私政策中存在明显不合理之处，但只要想继续使用相关产品和服务，就不得不被迫接受其隐私政策。此外，当多数人选择公开特定个人信息用作特定使用目的以换取经济

---

① 中国消费者协会. 2014 年度消费者个人信息网络安全状况报告.

② 新浪科技. 李彦宏：中国用户很多时候愿意用隐私来换便捷服务［EB/OL］. https：//tech. sina. com. cn/i/2018 - 03 - 26/doc-ifysqfnf7938663. shtml（2019. 10. 20）.

③ 参见李钰之，白鸥. 不放弃隐私，就不能使用手机 APP？［N］. 检察日报：2017 - 08 - 28.

利益时，那些原本不愿意公开个人信息的人可能在担心遭遇不公平对待而被迫选择同意。例如，美国 Progressive 保险公司设计了一套汽车保险优惠方案，汽车驾驶人可选择在其车辆安装保险公司提供的行车记录仪，以记录被保险人的行车习惯，计算保险费率。如果行车记录结果显示被保险人的驾驶习惯良好，即能获取较佳的保险费率。对此，有学者担忧，如果大多数人选择参与此保险方案，那么未选择安装记录仪的少数被保险人，会被保险公司推定为具有不良习惯的驾驶人，否则不会拒绝安装对其保费有利的行车记录仪，进而可能产生提高其保费负担的结果。当被保险人考虑到拒绝安装记录仪可能产生的负面效果时，极可能不情愿地同意安装。[①] 但是，如果安装记录仪对记录驾驶习惯、测算保费甚至遏制和减少危险驾驶是有利的，通过记录仪收集驾驶人信息是否就获得了正当性呢？在获利和危害之间进行平衡，显然不仅仅是被保险人所关心的问题，也是保险公司乃至政府必须仔细研究和思量的。

用户难以评估其个人信息被收集之后可能产生的危害，更遑论理性的选择同意。一方面，数据处理活动往往牵涉到多个环节和多方主体，尽管用户透过隐私政策能够知晓个人信息收集主体的情况，但无法明确其信息未来可能会传输给谁，将以何种方式被利用，又会用做何种目的，也就无从对未来可能产生的隐私风险作出评估。另一方面，数据聚合之后带来的权益侵害风险也超出了个人信息主体理性评估的范围。个人信息主体或许并不介意被不同的人在不同的时间点利用其个人信息，毕竟每一个特定的行为，当事人既然于公开场所为之，通常也不期待隐私保护。然而，如果是每一个公开场所的行为，都会被详细记录，形成由一个个"点"串连成"线"的个人行动轨迹，那可就不是当事人在作每个同意授权决定时所能合理预期的了。申言之，每个"点"与各"点"串连成"线"的日常行动轨迹所带来的权益侵害风险明显不同。[②] 此外，用户在作出是否同意的决策过程中，还存在可得性启发

---

① Scott R. Peppet. Unraveling Privacy：The Personal Prospectus and the Threat of a Full-Disclosure Future [J]. Law Northwestern University Law Review. 2015（105）：1153.

② Daniel J. Solove. Privacy Self-Management and the Consent Dilemma [J]. Harvard Law Review，2013（126）：1880，1889.

问题，这也会影响用户的理性选择。

四、算法时代个人信息保护体系的重构

基于告知同意原则的传统保护机制在自上而下收集信息为主的时代尚可保障个人信息主体的控制权，但随着我们迈向算法时代，大量信息是自下而上生成的，倘若还指望个人控制与其有关的所有信息的流向来保护个人信息，越发显得不切实际，甚至可能造成个人信息保护与利用"两败俱伤"的窘境。

在算法时代，人们就强化个人信息保护问题基本上已达成共识，但技术壁垒增加了政府规制的难度。与作为算法开发者和应用者的数据控制主体相比，政府在算法技术方面处于信息劣势地位。伴随机器自主学习能力的精进，算法愈发复杂化、不可知，即便是计算机专业人士也很难解释从"输入"到"输出"的自动化决策过程，[①] 这意味着政府不能再仰赖传统的命令控制方式回应算法时代个人信息面临的种种威胁。激励数据控制主体发挥自身的技术和资源优势，关注并控制个人信息处理过程中可能发生的权益侵害风险，政府、数据控制主体、个人信息主体、市场与社会主体等多元主体之间形成有效的合作治理，是算法时代个人信息保护的因应之道。

（一）基于风险预防的过程治理

算法的数据依赖本质使得个人信息面临滥用风险，即使是正当使用个人信息，也不意味着不存在权益侵害风险。风险系指某种行为引发特定危害的可能性。基于风险预防的过程治理并不以个人信息主体的权益侵害结果为前提，这可以在相当程度上避免个人信息保护不足。尤其是在算法时代，个人信息处理过程中的权益损害往往具有隐蔽性、潜伏性、无形性等特征，个人信息主体很难察觉。

基于风险预防的过程治理更有助于平衡个人信息保护与利用之间的关系。风险预防的核心面向在于，在预见性知识不足和科学不确定性情况下，采取

---

① 参见沈伟伟. 算法透明原则的迷思：算法规制理论的批判 [J]. 环球法律评论，2019 (6)；崔聪聪，许智鑫. 机器学习算法的法律规制 [J]. 上海交通大学学报（哲学社会科学版），2020 (2).

预防行动，防止可能的损害发生。① 这为政府在危害尚未被证明之前干预个人信息处理活动提供了正当性基础，但同时也要求政府秉持谦抑态度，避免干预过度。具体到个人信息保护层面，即权衡不同信息处理活动的隐私风险等级，给数据控制主体预留一定的空间，以灵活调整风险预防措施，减轻"一刀切"式个人信息保护机制加诸企业的不合理负担，进而在一定程度上破解企业信息保护负担繁重但信息保护效果不彰的困境。②

1. 作为核心环节的隐私风险评估

隐私风险评估，也被称为隐私影响评估（privacy impact assessment, PIA），系指分析某一项目、政策、计划、服务、产品或其他提议可能对数据主体权利和自由产生的影响，进而采取必要的风险控制措施，以避免或减少不利影响的过程。作为风险预防的核心环节，隐私风险评估机制具有如下特征：第一，应尽可能早地展开隐私风险评估，以确保隐私风险评估结果足以影响数据处理者的计划或行为；第二，鉴于技术革新情况和立法滞后性，隐私风险评估过程不能停留于合规检查（compliance check），有必要超越现行数据保护规范要求，识别立法当时未曾考量的风险，采取更为有效的风险控制措施，加强个人信息保护；第三，隐私风险评估是贯穿于数据处理活动全生命周期的动态过程，应依随数据处理技术或行为的变更作适当的调整。此外，还需说明的是，这里的"隐私"是一个广义的概念，包括可能给个人权利和自由带来的任何侵害，以及对群体、经济或社会的影响。如前所述，在算法时代，个人信息的保护面临诸多前所未有的新威胁，尤其是算法正逐渐取代人类成为新的决策主体，从最初的数据收集到筛选，再到算法的设计与应用，每一个环节不仅存在数据安全和数据质量问题，还可能固化偏见，引发歧视。

隐私风险评估机制兴起于 20 世纪 90 年代末期，其中蕴含的理念主要源

---

① 有关风险预防原则的内涵与争议，参见赵鹏. 风险社会的行政法回应［M］. 北京：中国政法大学出版社，2018：101；金自宁. 风险中的行政法［M］. 北京：法律出版社，2014：54. 伊丽莎白·费雪. 风险规制与行政宪政主义［M］. 沈岿，译. 北京：法律出版社，2012：52.

② 在欧盟 GDPR 引入并注重风险预防机制的基础上，已有不少学者开始关注基于风险预防的个人信息保护路径，如：范为. 大数据时代个人信息保护的路径重构［J］. 环球法律评论，2016（5）；丁晓东. 个人信息私法保护的困境与出路［J］. 法学研究，2018（6）；陈兆誉. 大数据时代个人数据保护的行政法回应——风险理念的引入与展开［D］. 浙江：浙江大学，2019.

于环境保护领域的相关实践。在 20 世纪 70 年代初，为了应对技术创新与发展给环境带来的负面影响，美国国会技术评估办公室最先提倡"技术评估"与"影响声明"。[①] 面对信息处理技术对个人权益的威胁，美国尝试引入隐私风险评估机制，规范政府处理个人信息的行为。美国 2002 年颁布的《电子政务法》将隐私风险评估设定为一项法定义务。根据《电子政务法》第二百零八条的规定，如果行政机关开展的新项目或是对已有项目的实质性变更涉及个人信息的收集、存储和利用，则必须事先进行隐私影响评估。

在欧洲，英国率先引入并实施隐私影响评估。英国 1998 年制定的《数据保护法》中并没有隐私影响评估要求。2007 年，英国信息专员办公室（Information Commissioners Office，ICO）在对域外隐私影响评估实践展开充分调查的基础上，发布了隐私影响评估手册，以引导、鼓励公共部门和私营部门数据处理者在展开数据处理活动之前进行隐私影响评估。[②] 几乎在同一时间，英国税务海关总署发生数据泄露，其中涉及与儿童福利记录有关的信息，引起人们强烈的质疑与批评。作为对此次事件的回应，英国内阁办公厅于 2008 年 6 月出台《政府数据处理程序报告》，要求中央政府部门开展隐私影响评估，改进数据存储和使用程序。[③]

1995 年欧盟《数据保护指令》第二十条虽提及"风险"问题，要求各成员国明确数据处理活动可能对数据主体权利和自由带来的特定风险，但没能回应如何识别并管理个人信息处理过程中的种种风险。欧盟在 2012 年出台《通用数据保护条例》的草案之前，就开始关注隐私影响评估机制。2009 年 5 月，欧盟委员会针对无线射频技术出台的一项建议书中提道："各成员国应当推动行业与利益相关主体合作，就隐私和数据保护影响评估制定框架"。[④] 2011 年，欧盟委员会发起并资助了一项"隐私影响评估框架"研究。该项研

① Sourya Joyee De, Daniel Le Métayer. Privacy Risk Analysis [M]. Morgan & Claypool Publishers, 2016: 63.

② 英国信息专员办公室于 2009 年修订了隐私影响评估手册，并在此基础上于 2014 年发布了《隐私影响评估实践法令》（code of practice for conducting PIAs）。

③ Cabinet Office. Data Handling Procedures in Government [EB/OL]. https: //www. gov. uk/government/publications/data-handling-procedures-in-government.

④ David Wright, Rachel Finn, Rowena Rodrigues. A Comparative Analysis of Privacy Impact Assessment in Six Countries [J]. Journal of Contemporary European Research, 2013 (9): 160, 161.

究充分调查并总结了美国、英国、澳大利亚、加拿大、爱尔兰、新西兰等国家开展和实施隐私影响评估的丰富经验。这为欧盟 GDPR 采纳基于风险的个人信息保护理念，引入数据保护影响评估机制奠定了一定的基础。

2. 隐私风险评估的制度设计

从制度设计面向来看，隐私风险评估机制至少涉及如下几方面的问题：第一，隐私风险评估是否要设定为强制性义务，如果设定为强制性义务，适用于所有个人信息处理行为，还是仅适用于部分数据处理行为；第二，隐私风险评估过程是否允许利益相关方或第三方主体参与；第三，隐私风险评估报告是否需要通过数据保护监管机构或第三方主体的审核；第四，隐私风险评估报告是否有必要向社会公开。但是，由于技术发展的同步性与个人信息的流动性，算法时代各国面临的个人信息保护问题存在一定共通之处，彼此间的政策学习与政策模仿更为密切，这使得隐私风险评估的制度设计逐渐趋同。① 2018 年欧盟 GDPR 所确立的数据保护影响评估制度正是在综合分析不同国家隐私风险评估制度基础上确立的。同时，鉴于 2018 年欧盟 GDPR 的影响力，本部分将以数据保护影响评估制度为基础，从隐私风险评估范围、隐私风险评估内容以及隐私风险评估结果等方面，探讨隐私风险评估的制度设计。

（1）隐私风险评估范围。欧盟 GDPR 要求数据控制者和处理者根据数据的范围、本质、目的和数据处理场景进行风险评估。如果特定数据处理活动可能产生高风险，则数据控制者必须进行数据保护影响评估（data protection impact assessment，DPIA）。通过数据保护影响评估，数据控制者可以系统地分析、识别和降低数据处理活动引发的数据保护风险。隐私风险评估属于数据保护影响评估的核心环节，但数据保护影响评估强调的是考量对数据主体各项权利和自由的影响，包括但不限于隐私权益。

对于是否进行数据保护影响评估，欧盟 GDPR 为数据处理者预留了一定的自主决定空间。欧盟 GDPR 第三十五条第 3 款列举了三种必须采取数据影

---

① 跨国交流与跨国竞争都会触发不同国家或区域之间的政策模仿。相关讨论参见罗伯特·鲍德温，马丁·凯夫，马丁·洛奇. 牛津规制手册［M］. 宋华琳，李鸻，安永康，等译. 上海：上海三联书店，2017：460.

响评估的情形：第一，基于数据画像等自动化决策对自然人个人情况进行系统、广泛的评估，该评估会对自然人产生法律效果或同等的实质影响；第二，特殊种类个人数据和与刑事定罪和罪行相关的数据处理；第三，公共领域大规模的系统化监测。如果数据处理活动不属于上述情形，数据处理者则需按照"可能产生高风险"（"likely to result in high risk"）标准，来判断是否展开数据保护影响评估。

宽泛的判断标准虽有助于及时回应层出不穷且愈发复杂的新型数据处理活动，但也难免会给数据处理者带来一定的判断难题。为此，欧盟 GDPR 还要求相关政府规制部门制定并公布需要展开数据保护影响评估的正面清单和不需要展开数据保护影响评估的负面清单，以为数据处理者的判断提供明确指引。例如，英国信息专员办公室列举了十项需展开数据保护影响评估的数据处理活动：（1）创新型技术。利用某项新技术展开数据处理，或是现有技术创新型应用于数据处理过程。（2）拒绝服务。基于任何程度上的自动化决策或特定类别数据的处理，作出有关个人获得产品、服务、机会或利益的决定行为。（3）大规模的分析。任何大规模的个人数据分析行为。（4）生物识别数据。任何有关生物识别数据的处理行为。（5）遗传数据。任何有关遗传数据的处理行为，但由全科医生或医疗专业人员为向数据主体提供医疗服务而展开的遗传数据处理活动除外。（6）数据匹配。对不同数据源进行合并、比较或匹配的个人数据处理活动。（7）不可见的处理。所处理的个人数据并非从数据主体处获得。（8）跟踪数据。有关个人地理位置或行为的跟踪数据的处理行为。（9）儿童或其他弱势群体的数据。将儿童或其他弱势群体的个人数据用于商业目的而展开的匹配分析或其他自动化处理决策。（10）人身伤害风险。数据处理活动可能导致数据泄露，一旦发生数据泄露将危害数据主体人身健康或安全的情况。[①]

（2）隐私风险评估内容。根据欧盟 GDPR 第三十五条第 7 款的规定，评

---

① 关于英国信息保护机构制定的需展开数据保护影响评估的数据处理活动清单，详见 https：//ico. org. uk/for-organisations/guide-to-data-protection/guide-to-the-general-data-protection-regulation-gdpr/data-protection-impact-assessments-dpias/examples-of-processing-likely-to-result-in-high-risk/ ；2018 年 11月 6 日，法国数据保护机构也公布了需要展开数据保护影响评估的数据处理活动清单，详见：https：//www. cnil. fr/sites/default/files/atoms/files/liste-traitements-avec-aipd-requise-v2. pdf（2019. 10. 08）。

估至少应包括如下几方面内容：首先，系统地描述拟进行的数据处理活动和处理目的，包括数据处理者所追求的合法利益；其次，分析与处理目的相关的处理活动的必要性和适当性；再次，评估可能给数据主体的权利和自由带来的风险；最后，明确计划采取的风险防范措施，以确保对个人数据的保护。在隐私风险评估过程中，利益相关者或信息安全专家等第三方主体的参与不仅有助于全面识别问题，协商可行的解决方案，还能在一定程度上发挥监督作用。然而，或许是出于灵活性和可操作性的考量，欧盟 GDPR 没有采取"一刀切"式作法，仅要求数据控制者在适当情况下，征求数据主体或数据主体代表的意见。

与欧盟各成员国相比，英国在隐私风险评估方面有着较为成熟的经验。基于欧盟 GDPR 的原则性要求，英国信息专员办公室为数据控制者如何展开数据保护影响评估，提供了一份更为详尽且更具可操作性的参考指南，[①] 其中列出了最基本的七个环节：

第一，明确是否需要展开数据保护影响评估。数据控制者首先要概括说明拟进行的数据处理活动，以确定是否需要展开数据影响评估。

第二，说明拟进行的数据处理活动。关于拟进行的数据处理活动，至少应说明如下几方面内容：①处理性质。说明所处理数据的来源，将如何收集、使用、存储和删除数据，拟采取的哪些处理措施可能产生高风险。②处理范围。说明所处理的数据的性质，是否包括特殊类别数据或刑事犯罪数据，所收集和使用数据的体量、频率以及影响范围。③处理背景。说明数据主体有多大程度的控制权，他们是否知晓此种数据处理方式；数据主体是否包括儿童或其他弱势群体，他们此前是否担心此种处理方式或是数据处理过程安全漏洞。④处理目的。说明数据处理活动的预期目标，以及可能会对数据主体带来的影响。

第三，沟通过程。说明将如何与利益相关者展开沟通；说明是否以及如

---

① 关于该参考指南，详见 https://ico.org.uk/for-organisations/guide-to-data-protection/guide-to-the-general-data-protection-regulation-gdpr/data-protection-impact-assessments-dpias/how-do-we-do-a-dpia/；此外，英国信息专员办公室还以更为简洁易懂的方式对具体评估内容作了说明，详见：https://ico.org.uk/for-organisations/guide-to-data-protection/guide-to-the-general-data-protection-regulation-gdpr/data-protection-impact-assessments-dpias/how-do-we-do-a-dpia/＃how9。

何征求数据主体的意见，或是说明为何不适宜征求数据主体的意见；说明是否拟咨询数据安全专家或其他相关领域的专家。

第四，评估数据处理方式的必要性与合比例性。说明数据处理行为的合法依据；拟采取的数据处理方式是否能够达成预期目标，是否存在其他可达成预期目标的数据处理方式；如何确保数据质量和数据最小化；如何保障数据主体的各项权利。

第五，识别并评估风险。说明风险来源以及对数据主体的潜在影响；结合损害可能性与严重性，确定低、中、高风险等级。

第六，确定降低风险的方式。说明拟采取哪些方式，以将中高风险降低至可接受的程度。针对不同的风险，数据控制者应当采取不同的措施以最大限度地降低风险。通常情况下，可供采取的措施包括但不限于如下几类：决定不再收集某些类别的数据；缩小数据处理范围；减少数据保存期限；采取其他技术安全措施；对相关人员展开培训以确保其可以管理风险；尽可能对数据进行假名化或匿名化处理；制定内部指南或操作流程以防范风险；选用其他数据处理技术；更改隐私声明；采取适当方式提供选择退出的机会，或其他有助于个人行使权利的新举措等。

第七，签署并记录。将所有风险降至零几乎是不可能做到的，最后，数据处理者要说明每一种风险的应对情况，是否已消除，如果没有消除的话，是否已降至可接受的水平。

（3）基于隐私风险评估结果采取差异化措施。隐私风险的高低主要取决于个人信息处理对个人权利和自由造成损害的可能性与严重性。透过这两个变量，可以将风险程度大致分为高、中、低三个等级（如下表所示）。风险评估结果应当作为企业采取具体保护机制以及政府规制部门展开监督检查的基础。例如，欧盟 GDPR 第二十四条要求，数据控制者考虑数据处理的性质、范围、场景、目的，以及对个人权利和自由造成的不同程度、不同大小的风险，在此基础上采取合适的技术和组织方面的措施。其中，所谓"合适的"技术和组织方面的措施，一个重要维度就是强调所采取的措施应当与数据处理的风险合乎比例。采取差异化风险控制措施的核心目标在于将风险控制在可接受的范围内，而非将风险降至零。

表 1　隐私风险等级评估表

严重性	高	低风险	高风险	高风险
	中	低风险	风险程度中等	高风险
	低	低风险	低风险	低风险
		低	中	高
		可能性		

（二）多元主体的角色定位与合作治理

在算法时代，个人信息保护既面临市场失灵问题，也遭遇政府失灵困境。基于对市场失灵和政府规制失灵的反思，传统的政府规制开始迈向多中心、多主体、多层次的合作治理。① 形成多元主体合作治理的前提在于，认识到不同主体有着不同的立场、知识、信息、资源和能力。如何通过各方主体之间的优势互补，达成隐私保护和数据治理目标，是建构多元主体合作治理体系的关键。② 为此，有必要结合不同主体的立场、知识、信息、资源和能力等情况，明确不同主体的角色定位。

1. 以数据控制主体自我规制为基础

置于合作治理谱系来看的话，企业自我规制主要是一种介于政府规制与自由市场之间的规制策略，即国家将企业自我规制作为一种实现公共目的的重要机制，力图借助企业的力量来达成个人信息保护目标。

作为数据控制主体的企业应以个人信息保护为价值目标，建构相应的内部管理体系。之所以将着力点放在其内部管理过程，首要原因在于，越来越多的经验性研究表明，企业内部管理过程，特别是管理风格，是影响特定目标实现与否及其实现程度的重要因素。③ 一旦着眼于数据控制主体内部管理过程，就不得不面对这样一个现实，即其每一项决策或行为，包括数据处理、

---

① 参见宋华琳. 论政府规制中的合作治理 [J]. 政治与法律，2016 (8).
② 参见安永康. 以资源为基础的多元合作"监督空间"构建 [J]. 浙江学刊，2019 (5).
③ Cary Coglianese, David Lazer. Management-Based Regulation: Prescribing Private Management to Achieve Public Goals [J]. Law & Society Review, 2003 (37): 691; Neil Gunningham, Robert A. Kagan, Dorothy Thornton. Shades of Green: Business, Regulation and Environment [M]. Stanford University Press, 2003.

利用、共享等行为，往往都是消费者、合作方、政府、同行、行业协会等多方利益相关者共同作用之下的产物。故而，影响数据控制主体行为的关键，很多时候不在于立法直接规定应当做什么或不应当做什么，更为重要的是，将个人信息保护的价值目标内化于数据控制主体日常管理过程之中，使之占据一席之地，成为每一次决策过程都能予以考量的因素。

由数据控制主体设立专门的个人信息保护部门或配备相应资质的人员比如数据保护官，当属有目的地形塑其内部管理过程的具体体现。从内部管理层面和组织体系上实现个人信息保护与业务发展之间的相互融合，个人信息保护一定要能够影响到每一个业务环节。为此，数据保护官至少应当能够负责以下事项：参与本单位涉及个人数据保护决策的个人数据影响风险评估；组织单位内部的个人数据安全培训；与个人数据保护主管部门及行业协会联络；拟定个人数据保护政策、隐私政策；接收数据主体的投诉，并及时反馈；直接对本单位最高管理层（如董事会）负责，最高管理层能够直接询问个人数据保护问题。[①]

此外，作为数据控制主体的企业还有必要将隐私保护价值贯穿新产品、新服务的开发、设计与应用的全周期。时任加拿大安大略省信息隐私专员（information and privacy commissioner）的安·卡瓦吉安（Ann Cavoukian），于20世纪90年代起开始倡议"将隐私保护寓于设计过程"（privacy by design，PbD），2008年11月加拿大个人信息保护部门（Information Commissioner's Office）发表了同名报告，正式提出此概念。"将隐私保护寓于设计过程"的核心在于，鼓励企业改善其内部流程，以便在产品或服务设计之初，即关注隐私保护。旨在推动企业"将隐私保护寓于设计过程"的理念，安·卡瓦吉安提出了不可或缺的七大原则：第一，应化被动为主动，并防患于未然，而非事后亡羊补牢；第二，将隐私保护作为默认机制；第三，在设计过程中即引入隐私保护价值；第四，协调数据利用与隐私保护等多方利益，避免形成对立状态，实现双赢；第五，隐私保护应贯穿信息生命全周期；第六，透明度与开放性要求；第七，以用户为中心，开发隐私友好型产

[①] 参见周汉华. 探索激励相容的个人数据治理之道：中国个人信息保护法的立法方向 [J]. 法学研究，2018 (2).

品或技术。

2. 作为促进者与保障者的政府

数据已然成为一种重要的资源，这是人类迈向算法时代的标志。不同于其他物质性资源，数据的价值不会随着它的使用而减少，而是可以非排他性的重复利用。2015 年，国务院发布的《促进大数据发展行动纲要》强调，数据已成为国家基础性战略资源，既是推动经济转型发展的新动力，也为重塑国家竞争优势带来了新机遇。在此背景下，作为大数据基础的个人信息，对数据控制主体来说，蕴藏着巨大经济利益，他们有着充分的动力去收集、利用个人信息。尽管数据控制主体可能因个人信息滥用行为受到严厉处罚，但这远远小于信息利用为其带来的经济利益。

为了实现个人信息保护与利用之间的平衡，一种方式是采取命令控制型政府规制，即通过立法设定禁止性义务，同时加大违反禁止性规定行为的惩戒力度。有些时候，这种方式可以起到立竿见影的效果，但对于个人信息保护而言则存在诸多局限性。首先，面对大数据时代的个人信息滥用行为，受技术掣肘，政府执法能力有限，加之执法资源不足，在一定程度上导致禁止性规定形同虚设。其次，纵使能够确保信息控制者遵守强制性规定，也很难促使其积极主动地探索个人信息保护技术。最后，"一刀切"式禁止性规定缺乏灵活性和适应性，不但难以实现个人信息保护目标，还可能会抑制大数据产业的发展。

另一种方式则是以激励信息控制者加强个人信息保护为基础，辅之以惩戒措施对个人信息滥用行为予以制裁。换言之，政府不仅要扮演传统的保障者角色，还要扮演促进者的角色，促使信息控制者积极主动地探索并采取个人信息保护措施。

作为促进者，政府重在培育信息控制者的内部保护机制。对此，环境保护领域的成功经验可供借鉴。旨在激励企业超越最低限度的环境保护要求，美国环境保护署发起了"优秀环境管理项目"（Project XL），通过豁免缔约企业的部分法定环境义务，鼓励企业探索更符合成本效益的环境保护方式。[1]

---

[1] Bradford C., Mank. The Environmental Protection Agency's Project XL and Other Regulatory Reform Initiatives: The Need for Legislative Authorization [J]. Ecology Law Quarterly, 1998, 25 (1): 1.

作为保障者，政府首先要完善常态化的执法监督机制。比如，根据欧盟GDPR第五十七条、五十八条的规定，欧盟个人数据保护规制机构具备调查权，可以要求数据控制者提供其履行任务所需的全部信息，以数据保护核查的方式对其进行调查等，并有权根据调查结果对其作出警告、申诫、限期改正、撤回认证、行政处罚等决定。为加强监管，还明确了个人数据保护规制机构和其他机构之间的协调与合作。但要注意的是，纵使信息控制和处理者的行为完全合规，事实上也不能将个人信息主体受损害的风险降至零，因此，还有必要明确个人信息安全风险事件应对机制。如发生个人信息泄露事件时，要求信息控制者及时向政府报告，说明泄露信息的种类、数量、可能产生的风险、采取的风险控制措施等。

3. 合作治理网络中其他主体的角色

如前所述，力图赋予个人信息主体绝对控制权的做法在实践中遭遇困境。对此，更深层次的原因在于，个人信息兼具个人属性和公共属性。换言之，个人信息不仅关乎个人利益，也关涉他人和社会利益。[①] 在这个意义上而言，个人信息不能由个人完全控制。从多元价值权衡出发，更为可取的做法是赋予个人信息主体有限的控制权。关于个人信息控制权的范围与程度，不宜采取"一刀切"式规定，应综合考量个人信息的性质、使用目的以及不同处理场景下的权益侵害风险程度等因素，予以精细化设计。

对于算法时代的个人信息保护而言，新闻媒体、社会组织等社会主体在合作治理网络中的作用也不容忽视。数据控制主体往往是知名度较高的企业，在流量利益驱动下，他们不得不重视"声誉资本"。声誉实际上是一种公共舆论，新闻媒体或是社会组织对企业违法或其他不良行为的曝光，会引发连锁效应。一旦企业声誉下降，消费者则可能"用脚投票"，取消未来可重复的无数次潜在交易机会，启动严厉的市场驱逐式惩罚，进而影响企业利润。[②] 由此触发的公共舆论往往还会传导至政府规制层面，迫使政府加大执法力度，或是制定更为严格的法律规范。"支付宝年度账单事件"当属典型例证。此事件一经媒体曝光，便引发了轩然大波。除了及时道歉之外，蚂蚁金服首席隐

---

① 高富平. 个人信息保护：从个人控制到社会控制 [J]. 法学研究，2018（3）.
② 参见吴元元. 信息基础、声誉机制与执法优化 [J]. 中国社会科学，2012（6）.

私官表示，事发第二天便设立了专门的职能部门，负责用户的个人信息保护，同时还建立个人信息保护工作的考核评价体系，将个人信息保护融入公司治理、企业文化和经营发展战略的治理框架中。[①] 国家互联网信息办公室网络安全协调局也第一时间约谈了支付宝（中国）网络技术有限公司、芝麻信用管理有限公司的有关负责人。此次事件发生时，作为国家推荐性标准的《信息安全技术个人信息安全规范》刚刚发布不久。这一事件也在一定程度上促使数据控制主体关注并落实该标准中的相关要求。

---

① 新华网. 蚂蚁金服反思支付宝账单事件：将完善平台治理机制，避免类似事件再次发生［EB/OL］. http：//www. xinhuanet. com/fortune/2018－01/10/c＿1122233172. htm (2018. 01. 10).

后 记

    人工智能正在以前所未有的深度和广度，参与数字中国建设中来发挥更大的作用，并进一步发展成为全球范围内科技与经济竞争的重要领域。人工智能的核心是算法。智能化机器学习算法，其嵌入程度越来越深，范围越来越广，一个前所未有的高度自动化的世界正在形成。在这个未知的世界中，一切都带有一定程度的不确定性，但有一点可以肯定，即算法尤其是机器学习算法的控制力正在不断扩展到各个领域，人们愈来愈依赖算法作出决策，决策权或主动或被动地从"人类之手"交由"算法之手"，即使还到不了"算法统治"的程度，但是"算法无处不在"正在成为现实。面对人类与算法之间错综复杂的关系，保守者可能会过于严苛，容不得算法设计和算法决策出现任何瑕疵，乐观派有时候会把算法技术想得过于完美，高估算法决策的准确性和正当性。如何理性审视算法技术带来的风险，如何有效规制算法，可谓人工智能时代国际社会普遍关注的一项重要议题。

    我们是一群法学、哲学、公共管理等领域的研习者，早在 2018 年就开始关注人工智能和算法的问题，以热情好奇的目光观察着社会的日新月异，也亲身感受着科技进步与应用带来的便利，更希望用冷静中立的社会科学视角来思考人工智能和算法带来的挑战和风险，我们陆续完成了自动驾驶的法律和政策应对研究、个人信息保护现状分析、人工智能时代算法歧视研究和数据安全法立法建议等任务或者项目，也在党校（行政学院）和高校课堂上以新技术变革与社会、法律为题与大家展开案例讨论。我们最终决定还是一起来完成一本书，对人工智能技术背景下的算法时代予以描述并探讨其机遇与风险，对为什么要对算法予以规制和如何规制进行探讨，对人类长久存在的歧视问题在算法中的体现展开深入分析，并以无人驾驶为例探讨算法规制的关键所在，最后，对人工智能和算法应用中的个人信息保护展开研究。呈现在读者面前的就是这本书，具体分工如下：

第一章 算法时代　王　静、张　奇

第二章 规制算法　李　烁、吴小亮

第三章 算法歧视　王　轩

第四章 无人驾驶的算法规制　崔俊杰

第五章 算法时代的个人信息保护　李　芹

在展开新领域新问题研究的过程中，我们对跨学科研究的魅力与困难都有了认知。所幸，我们有导师、前辈的鼓励和支持。周汉华教授是中国网络与信息法学会负责人，也是我国互联网、大数据和人工智能法律问题研究的学术带头人之一，欣然为本书作序。法学泰斗、中国法学会行政法学研究会名誉会长应松年教授是我们的导师，他总是说年轻人要对社会的热点、焦点和难点问题展开研究，不要畏惧困难。中国诗词协会会长、原国家行政学院副院长周文彰教授既是哲学、公共管理等领域的专家，也是新时代中国系列丛书的主编，他的数字中国的讲座有百万观众，指引我们持续关注人工智能领域的社会问题。国家市场监督管理总局网络交易监督管理司副司长韦犁先生常年负责互联网产业的监管工作，洞察新技术和新产业全貌，对我们的研究给予了莫大的鼓励。还要特别感谢我国优秀的人工智能和大数据企业，他们不仅提供了最为鲜活的企业实践，而且与政府、学界和行业一同推动提升社会治理水平。

时间和能力所限，人工智能和算法规制方面还有一些问题未来得及铺陈，书中可能还存在错漏和偏颇，期待广大读者批评指正。且将本书作为一个起点吧，作为未来十年深入研究的一个"开幕式"。

王静、王轩

2021 年 9 月 1 日于北京海淀田村